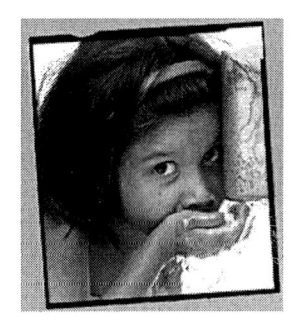

Wir unterstützen Plan International e.V.

Hilfe, die ankommt!

Mit jedem Buch fließt ein Anteil in eine langfristige Übernahme einer Patenschaft für hilfsbedürftige Kinder.

Mit der Patenschaft bei Plan helfen Sie einem Kind in der Dritten Welt, seiner Familie, seinem Dorf oder Stadtviertel mit **25 Euro** im Monat solange Ihre Hilfe gebraucht wird und solange Sie helfen möchten.

Sie helfen mit der Patenschaft, in der Gemeinde Ihres Patenkindes eine Schule oder eine Krankenstation zu errichten, Impfungen durchzuführen oder einen Brunnen zu bauen. Das Wichtigste dabei: Sie ermöglichen Ihrem Patenkind einen dauerhaften Weg aus der Armut!

Plan informiert Sie regelmäßig über die Fortschritte Ihres Patenkindes, seiner Familie und Gemeinde. Außerdem bekommen Sie Post von Ihrem Patenkind. So können Sie direkt am Lebensweg Ihres Patenkindes teilnehmen, und Sie erfahren mehr über das Leben der Menschen vor Ort.

Sie erhalten einen Einblick in eine Kultur, die Sie vielleicht so manches Mal überraschen und bewegen wird. Und wenn sie möchten, können Sie Ihr Patenkind sogar besuchen und persönlich miterleben, was Ihre Hilfe bewirkt.

Übrigens gilt die Übernahme einer **Patenschaft** für ein Kind als Spende und ist steuerlich abzugsfähig. Natürlich können Sie die Patenschaft jederzeit ohne Angabe von Gründen beenden.

Unser Tipp:

Wenn Sie sich für eine Patenschaft bei Plan interessieren, besuchen Sie doch einfach für nähere Informationen:

www.plan-international.de
(Deutschland, Österreich, Schweiz)
oder unter ☎ 040 – 611 400

Plan International e.V. • Bramfelder Str. 70 • 22305 Hamburg

Bitte prüfen Sie, dass die CD beim Kauf hier eingeklebt ist.

Die Meditations-CD zum Buch

Große Lichtmeditation

**für den Transformationsprozess und
Frequenzausgleich der Energien
des neuen Magnetgitters und der kristallinen Energien**

Inhalt:

1. große Lichtmeditation (Spieldauer: etwa 60 min)

aufgenommen und bearbeitet im Tonstudio Salon Elegance Bochum
CD Herstellung: Starkidmusic Bochum
Hintergrundmusik Auschnitte aus „Golden Sea of Galilee" ©
mit freundlicher Genehmigung des Bea Musik Verlages
**Original „Golden Sea of Galilee" ISBN 3-934288-07-03
erhältlich bei uns**

Alle Rechte vorbehalten. Die Vervielfältigung, Kopie und Verleih des Tonträgers sind nicht erlaubt.
Hinweis: Die aufgespielte Meditation ersetzt keine ärztlichen Therapien.

Buch „Übergang in die neuen Energien" inklusiv Meditations-CD
ISBN 3-9809014-0-8

Wichtiger Hinweis:

Alle im Buch genannten und gechannelten Heilaussagen
beziehen sich auf unser höheres Selbst. Dies ist
unser Bewusstsein auf Seelenebene.
Alle Heilaussagen betreffen daher energetische
Heilweisen in unserer Aura und Kraftfeld.
Oftmals sind die Disharmonien so groß, dass
je nach Bewusstseinsstand physisch
eingegriffen werden muss.

Alle genannten und gechannelten Heilweisen
ersetzen keine ärztliche Therapien!

Für alle von den Lichtwesen übertragenen Heilweisen
kann keine Garantie übernommen werden.
Sie hängt auch vom eigenen Glauben, Vertrauen, Wahrheit,
Klarheit, Mut und Mitarbeit ab.

Bei Unklarheiten ist es jederzeit ratsam, einen Arzt
oder Heilpraktiker aufzusuchen.

Übergang in die neuen Energien

Band I der Schriftenreihe:
Übergang in die neuen Energien

ISBN 3-9809014-0-8

5. überarbeitete Auflage
2004

Übergang in die neuen Energien
Band I der Schriftenreihe: Übergang in die neuen Energien
Durchsagen empfangen auf dem geistigen Weg

© by René Wagner

Umschlaggestaltung: Reichert Druck
Umschlagdruck: Reichert Druck
Buchdruck: Das Lichtzentrum Verlag

Buchbestellung, Verlagsverzeichnis

Das Lichtzentrum
Verlag & Versand
Langschieder Weg 11 a
65321 Heidenrod

☎ 0 61 24 – 72 58 42
Faxbestellung: 0 61 24- 72 58 41
Email: info@das-lichtzentrum.de

oder über:

Onlineshop:
Bücher, CDs, Biophotonenprodukte, Wasserfilterung, natürliche Kosmetik und
Waschmittel, Waschnüsse, Seminare, Infos

www.das-lichtzentrum.de

Das Lichtzentrum Verlag ◆ Alle Rechte vorbehalten.

ISBN 3-9809014-0-8

Wahrheiten für deinen Aufstieg

Liebe Leserin, lieber Leser, es entspricht meiner Wahrheit, dass es kein Zufall ist, dass du dieses Buch liest. Jeder Mensch hat seine eigenen Wahrheiten. Diese sind heilig. Sie dienen einem höheren Zweck, das habe ich gelernt. Oft versteht man sie nicht. Wahrheiten ändern sich so, wie man sich selbst verändert und weiterentwickelt.

Im JETZT und ICH BIN EINS MIT ALLEM sowie dem ICH BIN die/der ICH BIN Zustand versteht man die Zusammenhänge aller gesammelten Wahrheiten. Ich wünsche mir aus meinem tiefsten Herzen und aus meinem ganzen SEIN, dass WIR ALLE diesen Zustand erfahren und leben.

Ich bin 1972 in Wiesbaden geboren und habe seit dieser Zeit viele Wahrheiten durchlebt und durchlebe sie. Es entspricht meiner Wahrheit, dass WIR ALLE den Zustand der UNABHÄNGIGKEIT von Macht, Materie und Unterdrückung erfahren.

Dies erreichen wir durch die Transformation und glaubt mir, auch ich transformiere zurzeit ziemlich heftig. Da müssen wir aber alle durch. Gemeinsam werden wir es erreichen!

Wie wahrscheinlich die meisten von euch hatte ich eine schwierige Zeit, bevor ich meinen Lichtweg gefunden habe. Oftmals führen große „Tiefs" in unserem Leben zur spirituellen Entwicklung. Aus diesem Grund habe ich gelernt, dass alle schwierigen Lebensabschnitte eine Bereicherung für unsere Entwicklung sind.

Ich wünsche euch von ganzem Herzen

viel Licht auf eurem Lichtweg!

In Liebe von Herz zu Herz.

Auf diesem Weg möchte ich euch danken :

Der Quelle Gott Vater/Mutter weil sie alles erschafft und leitet.

Christus für seine bedingungslose Liebe und Hilfe.

Allen Lichtwesen, speziell denen, die bei der Entstehung dieses Buches mitgewirkt haben.

Allen Lesern.

Andy für seine grenzenlose Geduld.

Vielen Dank an meine **Mutter** für ihre Unterstützungen. Viel haben wir erlebt und durchlebt und doch immer zusammengehalten. Danke dir dafür.

Vielen Dank auch an meinen **Vater**. Durch dich konnte ich vieles lernen und verstehen. Ich weiß, dass du mich überall sehen und hören kannst.

Besonderer Dank gilt **Marlies**, **Adi** und **Ulla** ohne eure selbstlose Hilfe und Unterstützung wäre dieses Buch schwerlich entstanden.

Besonderen Dank auch an **Sigrid** und **Ingrid** für eure große Hilfe, die ich niemals vergessen werde.

Lieben Dank auch an dich **Bea** für deine wunderschöne Musik.

Es ist schön, dass wir uns „wiedergetroffen" haben und eine Bereicherung euch als Freunde zu haben.

Danke auch an alle, die mir bei der Entstehung dieses Buches geholfen und mich „ermutigt" haben.

Vielen Dank!

Inhaltsverzeichnis:

Kapitel:

Was geschieht mit der Erde und was geschieht mit uns?.................... Seite 11

Die ersten Inkarnationen – Der Beginn des Kreislaufes
von Karma in Lemuria und Atlantis....................................... Seite 19

Die Neuentstehung nach Atlantis.. Seite 27

Das Leben und die Lehren des
Meisters Jesus (Bergpredigt) .... Seite 30

Schwingung, planetarische Schwingung und Magnetgitter.
Was ist das und wie funktioniert es? .... Seite 39

Dritte und vierte Dimension - alte und neue Energie............................ Seite 44

Die Transformation Auflösen von Blockaden.......................... Seite 48

Transformation und Transmutation....................................... Seite 53

Die vierte und fünfte Dimension... Seite 57

Neuzeitkinder – die Indigo- Kinder... Seite 62

Der Frequenzausgleich und die
Ausrichtung an das neue Magnetgitter................................... Seite 65

Die Channelings

Vywamus Unser Vierkörper-System.................................. Seite 70

Saint Germain Atlantis, die
violette Flamme und die violetten
transformatorischen Strahlen.. Seite 77

Erzengel Raphael Heilung und Ausgleich.......................... Seite 88

Inhaltsverzeichnis:

Kapitel:

Ashtar Jenseits des Schleiers des Vergessens.................................. Seite 92

Erzengel Raphael Die Heilform der Gnade................................... Seite 100

Saint Germain Die Illusion des Todes,
Umkehrung der 666 in 999 zur Aktivierung der
zwölf DNA-Ketten in uns.. Seite 102

Sananda Die Kraft der neuen Energien.. Seite 104

Erzengel Michael Was ist ein Lichtträger.. Seite 107

Zirkana Die kristallinen Energien und die Plejaden.......................... Seite 109

Die Botschaft von Christus
Die Antwort auf alle eure Fragen... Seite 112

Die Botschaft von Christus
Das neue Magnetgitter... Seite 118

Erzengel Michael eine Ansprache für den Jahresbeginn............... Seite 123

Saint Germain eine Ansprache für den Jahresbeginn.................... Seite 125

Erzengel Raphael eine Ansprache für den Jahresbeginn.............. Seite 129

Anhang

Die sieben Grundchakren.. Seite 131

Große Lichtmeditation... Seite 134

Verlagsprogramm.. Seite 140

Was geschieht mit der Erde und was geschieht mit uns?

Wer hat die Veränderungen auf unserem Planeten auch erkannt?

Im Gegensatz zu früheren Zeitepochen haben wir speziell im vergangenen Jahrhundert einen großen „Entwicklungssprung" auf allen Lernebenen erfahren. Auf allen Gebieten bewegen wir uns nun immer schneller. Gleichzeitig hat, entgegen unseren negativen Auffassungen, die Anzahl der gewaltbereiten Menschen, zumindest im Vergleich der vergangenen Jahrhunderte, global stetig abgenommen. Wir scheinen durch unsere Kriege und Erfahrungen doch gelernt zu haben. Auf der gleichen Seite nehmen Verständnis, Toleranz und spirituelle Entwicklung immer mehr zu. Wir erfahren seit den achtziger Jahren einen großen Channeling-Boom. Immer mehr Menschen suchen den Kontakt zu und die Antworten aus der geistigen Lichtwelt.

Ist dies ein Zufall? Nein, denn wir werden stets durch die geistige Lichtwelt - unseres Wissensstandes - entsprechend geschult und erhalten Hilfe, die immer mehr Menschen aus einer Art „Tiefschlafphase" erweckt.

Ähnlich wie in unseren Träumen bewegen wir uns als multidimensionale Wesen durch verschiedene Dimensionen, nur dass unsere jetzige Realität ebenso erdacht und kreiert ist wie unsere Träume, mit dem Unterschied, dass wir feste Materie anfassen, schmecken, riechen und fühlen können.

Was bedeutet Tiefschlaf? Dies würde heißen, dass wir uns in einem schlafähnlichen Zustand bewegen. Dies ist richtig. Wir leben in unserer erschaffenen Realität und sie dient dem Lernen. Daraus stellt man sich zwangsläufig die Frage:

Wo kommen wir her?

Wir entspringen aus der Quelle. Die Quelle ist All-In-Eins, Alles-was-ist (Gott Vater, Spirit, Mind, Allah). Jede Kultur hat ihre eigene Bezeichnung. Wir entspringen aus dieser Quelle und befinden uns auf dieser Ebene in einem hohen feinstofflichen Zustand. Diese hohe Form der Feinstofflichkeit besteht aus reinem Licht und reiner Gedankenkraft. Diese Formen und Bereiche sind mir als die sieben Ebenen und Bereiche der Entwicklung der Quelle übermittelt worden. In jedem dieser sieben Bereiche entwickelt sich das Bewusstsein der Quelle. Wir sind als ausgesandter Gedanken- und Energiefunke ein Teil der Quelle. Diese sieben Bereiche sind rein feinstoffliches Licht und ebensolche Gedankenkraft. Sie beinhalten ganze Reiche, ähnlich wie unsere Erde, nur feinstofflich. Ähnlich wie hier wohnen dort

Menschenwesen, doch können sie sich ihre „Umwelt" mit der Kraft ihrer Gedanken erschaffen. Weiterhin existieren in den sieben Ebenen Universen und Galaxien aus purer Energie.

Diese Ebenen nennt man Dimensionen. Wir leben in der 3. Dimension. Der feinstoffliche Bereich beginnt in der 4. Dimension. Mir wurde ein schöner Vergleich aus der geistigen Lichtwelt von Vyvamus (siehe Durchsage) übermittelt. Die Dimensionen sind ALL-IN-EINS, so wie wir Teil des ALL-IN-EINS sind. Dies ist schwer für uns vorstellbar, lässt sich aber sehr gut anhand eines von Vyvamus genannten Beispiels erklären:

Stellt euch einen Baum vor. Wenn er durchtrennt wurde, sehen wir Kreise (Lebensringe, Baumrindenringe). Jeder Kreis stellt eine Dimension, eine Welt dar. Sie verlaufen parallel ineinander. Die Kreise berühren sich nicht und doch sind sie Teil des Ganzen, des Baumes.

In jedem dieser Bereiche und Ebenen erschafft und lernt die Quelle. Daraus ergeben sich Bewusstseinsformen, die entsprechend der jeweiligen Ebene über geistige Reife verfügen. In diesen Bereichen des Lichts existiert nur bedingungslose Liebe. Sie stellt die Nahrung aller Seelen dar. Gleichzeitig existieren Töne, Farben und Energien, die wir in dieser Daseinsform als Mensch (Homo sapiens) nicht aufnehmen können. Doch sind wir ein Ausdruck der Quelle. Daraus erfolgt eine weitere Frage:

Wenn wir Teil der Quelle sind, warum kommen wir dann hierher und wo wollen wir hin?

Da wir Teilbewusstseine der Quelle sind, sind wir individuell. Jeder Mensch ist individuell und ein Abbild der Quelle. Keine Seele hat die gleiche Ausdrucksform und Farbe. Da wir ein Teil der Quelle sind, sind wir alle eins und lernen und kommunizieren in der gleichen Sprache. Dies ist ein Widerspruch, nicht wahr? Wie kann man gleich sein und doch individuell. Dies führt uns zu unserer Erde, denn auf diesem „Lernplaneten" lernen wir die Dualität und die freie Wahl.

Die Dualität lehrt uns diesen Widerspruch. Wie kann etwas individuell sein, wenn es doch gleich ist. Wie kann etwas dunkel sein, wenn es doch hell ist. Die Antwort heißt Dualität. Dies kann die Seele (Teilbewusstsein der Quelle) in einem Zustand von bedingungsloser Liebe und unendlichem Licht nicht lernen. Auch Emotionen und Gefühle können auf diesen hohen Ebenen nicht erlernt werden. Wir erlernen hier auf unsere Erde die lineare Zeitform. Dies ist unsere erschaffene Zeitform.

Ein Erdenjahr hat nun mal 365 Tage, der Tag 24 Stunden, die Stunde 60 Minuten, die Minute 60 Sekunden. Dies haben wir kreiert und als unsere Wahrheit akzeptiert.

In der geistigen Lichtwelt existiert keine Zeit. Alles ist im *JETZT*. Das JETZT stellt für uns linear übersetzt die Vereinigung der Vergangenheit, Gegenwart und Zukunft dar. Eben das JETZT. Also lernen wir neben der linearen Zeit auch Gefühle, Emotionen und Dualität und die freie Wahl der Geschehnisse außerhalb der bedingungslosen Liebe.

Aus diesem Grund hat ein Teilbewusstwein der Quelle sich dazu entschieden, dies zu lernen. Um Dualität, Gefühle und Emotionen erlernen zu können, benötigen wir einen dichteren Körper. Oder könnt ihr euch ein Hologramm aus Licht vorstellen, das ein 200 Gramm schweres Handy in die Hand nimmt, um zu telefonieren und sich danach über die Schwiegermutter zu ärgern? Das Handy würde herunterfallen und im Zustand der bedingungslosen Liebe könnten wir auch die „verärgerten Emotionen" nicht lernen.

Dazu benötigen wir einen physischen Körper, eine dichtere Nahrung als Liebe und Licht, um alles dies zu ermöglichen. Nun kann die Seelenebene aus den bereits genannten Gründen nicht hierher kommen, da die Kette der Bewusstseinsebene (7 Ebenen) sonst unterbrochen wäre. Ein „hirnloses" Hologramm aus Fleisch und Blut wäre für den Lernprozess auch nicht hilfreich.

Aus diesem Grund inkarniert die Seele.

Was heißt das nun wieder? Die Seele trennt sich vom nächsthöheren Bewusstsein und teilt sich. Sie inkarniert, wie der Name schon sagt und wird Fleisch (dichtere Materie). Jeder ehrliche Mediziner weiß, dass der Körper eine perfekte Kreation der Schöpfung ist, da er ihn bis zum heutigen Tage nicht bis in die Vollendung kennt. Nur die Quelle kennt ihn, da er „erdacht" wurde. Um die Kette der Bewusstseinsebenen nicht zu unterbrechen, wurde uns unser höheres Bewusstsein (Seele, Überselbst) zugeteilt, das uns leitet und führt. In den nachfolgenden Durchsagen wurde übermittelt, dass die Sprache dieses Bewusstseins unsere Intuition ist. Ich denke, die Intuition ist eine weiterentwickelte Form der Sprache gegenüber dem Instinkt.

Diese Seelenebene leitet uns. Nun inkarniert nicht nur ein Mensch allein, sondern dies geschieht kollektiv. Wir haben alle ein Überselbst. Diese bilden alle ein höheres Kollektiv. Das höhere Kollektiv sammelt alles Wissen und alle Erkenntnisse und sendet dies an das nächsthöhere, bis hin zur Quelle. Also sind wir All-in-Eins. Und dennoch empfinden wir dies auf dieser Erde oftmals nicht so. Denn: Wir haben auch einen Verstand bekommen, dieser bildet ein Gedankenkollektiv, das beeinflusst wird durch unsere erschaffenen Gesellschaftsregeln, Kultur, Religion, Politik, Nachrichtenmedien etc.

Der Verstand lernt alle Erfahrungen der Dualität, Emotionen, Gefühle und sendet diese an das höhere Selbst. Dies ist in der geistigen Lichtwelt und in der ungetrennten Einheit mit der Quelle und sendet uns wiederum die Führung und Intuition, bei weniger entwickelten Wesen den Instinkt.

Verschiedene Bewusstseine sind nun ebenfalls auf dem „Lernplanet" Erde, um auf unterschiedliche Weisen zu lernen. Daraus ergeben sich zusätzlich verschiedene höhere Formen der Bewusstseine, die auch auf unserem Planeten leben. Diese helfen uns, aber wir können sie mit unseren begrenzten Fähigkeiten nicht aufnehmen. Sie leben in verschiedenen Welten, ähnlich wie im Beispiel der Baumkreise erklärt, innerhalb der Erde in Koexistenz. Diese sind feinstoffliche Menschen, Elfen, Feen, Lichtwesen. Sie helfen uns. Desweiteren sind, wie Vyvamus in seiner Durchsage liebevoll erklärt, für uns Menschen (Homo sapiens) vier Reiche entstanden: unser Menschenreich, das Mineralreich, das Pflanzenreich und das Tierreich sowie andere für uns unbekannte Koexistenzen. Sie haben es sich zur Aufgabe gemacht, uns zu helfen und in bedingungsloser Liebe zu dienen.

Warum können wir sie nicht sehen?

Zum einen können wir sie nicht sehen, da wir uns den Schleier des Vergessens und des Sehens selbst auferlegt haben. Mehr dazu später. Zum anderen lässt sich das an einem einfachen, etwas lustigen Beispiel erklären:

Alles ist in Schwingung, alle Atome sind in Schwingung. Die feinstoffliche Ebene schwingt höher als unsere. Wir haben eine entsprechend niedrigere Schwingung. Stellt euch die Wäsche in einer Waschmaschine vor. Im ersten Gang könnt ihr die Wäsche sehen. Spätestens im Schleuderprogramm schwingt die Wäsche so hoch, dass wir nur noch einen „Wäscheschleier" erkennen können. Würden wir die Schwingung weiter erhöhen, könnten wir unsere Wäsche nicht mehr sehen. Andererseits, würden wir so schnell schwingen wie die Schleudertrommel, so könnten wir unsere Wäsche in Ruhe betrachten. Zu allen Zeiten haben einige Menschen ihre Schwingung erhöht und konnten Einsicht jenseits des Schleiers nehmen. Oftmals sind solche „Berichterstattungen" in der Bibel zu finden. Später waren es „Seher", die Kontakte aufnahmen und heute nehmen immer mehr Medien Botschaften auf. Im heutigen Sprachgebrauch werden sie „Durchsagen, Durchgaben oder Channelings" genannt.

Bleibt die Frage offen: **Wie inkarnieren wir und wo wollen wir danach wieder hin?**

Die Inkarnation:

Fangen wir mit unserer Sterbestunde an. Es läuft ein Film ab, das heißt, unser Lebensfilm läuft an uns vorbei. Wir erkennen, was wir im Leben gut und was wir nicht gut gemacht haben. Wir erfahren, mit welchen Menschen wir nicht im Reinen sind, also, wo wir Karma entwickelt haben. Viele Menschen berichten über Nahtoderscheinungen, die dies bestätigen. Was heißt Karma? Es entsteht aus der Kraft der Gedanken, Gefühle und Emotionen. Was ich aussende, kommt als Lernaufgabe wieder auf mich zurück. Eine Lernaufgabe war **Ursache**, sie hat eine andere Lernaufgabe als **Wirkung.** Karma sind unverarbeitete Handlungen, Gefühle, Gedanken und Wünsche, die Energie binden und ständig Impulse zur Wiederholung geben, bis sie geklärt oder transformiert = umgewandelt werden.

Alle karmischen Verstrickungen, Ego-Versuchungen und selbst auferlegte Kontrollmechanismen sind Seelenanteile von uns. Diese gilt es JETZT zu erkennen, zu transformieren und zu heilen, *denn sie stecken alle noch in uns.*

Also beschließen wir in dieser Sterbestunde unser nächstes Leben. Mit wem habe ich noch etwas auszutragen, welche Tugend habe ich nicht begriffen. Wir überprüfen unsere Lernaufgaben: Liebe, Stolz, Demut, Geduld etc.

Alle unsere Lernaufgaben und Erfahrungen auf allen Ebenen werden in die sogenannte **Akasha-Chronik** eingetragen. Dies ist das gesammelte Wissen aller Seelen, wir können uns dies als eine Art kosmischer Computer vorstellen. Er beinhaltet die ganze Reinheit, Wahrheit und Klarheit der Quelle.

Wir kommen dann in den Bereich **Halle des Ausruhens**. Dort werden wir von Meistern und Lichtengeln geschult. Viele Seelen nutzen eine für uns unvorstellbare Zeitspanne für diesen Abschnitt.

Nun kreieren wir wieder unser nächstes Leben. Kreieren deshalb, denn: Wir suchen uns aus: Eltern, Geschwister, Freunde, Land, Hautfarbe, männlich, weiblich, gesund oder behindert etc. Gleichzeitig muss die Zeit stimmen, damit die bestimmten Menschen (Bewusstseine) auch wieder inkarnieren.

Bevor der **karmische Rat** (Vereinigung von Lichtwesen, die bei unseren Karmaerfahrungen helfen) beschließt, dass wir wieder inkarnieren können, kommen wir in den Bereich **Halle des Vergessens**. Da wir ja als Bewusstsein lernen möchten, wäre es zu einfach, wenn wir uns wie am Anfang als Atlanter/Lemurier (siehe nächstes Kapitel) an alles erinnern könnten.

Den Schleier des Vergessens und der Trennung von der Lichtwelt haben wir uns selbst auferlegt, weil wir ein bestimmtes Thema selbst erspüren und erleben wollten. Hätten wir unser eigenes geistiges, volles Seelenpotenzial mit der Gewissheit, Teil der Quelle zu sein, könnten wir das "Ausgesuchte" gar nicht richtig empfinden und erleben.

Wir inkarnieren nun neu. Durch den physischen Akt der Vereinigung (Befruchtung) erfahren wir zunächst die erste Form der Dualität. Die eher "kriegerische" männliche Energie (Samenzelle) dringt in die "empfangende" weibliche Energie (Eizelle) ein und verschmilzt im physischen Sinne in das All-In-Eins.

Wir inkarnieren durch eine kosmische Schnur in unserem sorgfältig ausgewählten Mutterleib. Die Verlängerung der kosmischen Schnur ist (im physischen Sinne) die Nabelschnur. Sie nährt uns durch Licht, Energie und dichte Materie. Der Mutterkuchen und die Fruchtblase beschützen unsere zarte Aura.

Wir werden geboren und von der Schnur getrennt. Nun beginnen unsere Lernaufgaben. Speziell Kinder bis zu 5 Jahren können sich sehr gut an die geistige Lichtwelt erinnern. Deshalb sprechen Kinder oft von den Lichtengeln, Schutzengeln, für uns imaginäre Freunde (auch ich hatte vier!) und von Gott.

Nun treffen wir auf Menschen, mit denen wir noch etwas auszutragen haben. Sie sind in dieser Art Kulisse unsere Seelenpartner (Vertragspartner). Man erkennt sich immer an den Augen und bestimmten Mustern. Die Augen sind in jeder Inkarnation gleich.

Auf welche Art und Weise werden wir nun im Leben an unsere Aufgabe herangeführt?

Wir leben und lernen. Unsere Seelenebene (Teilbewusstsein der Quelle) führt und leitet uns bei allen Aufgaben. Sobald wir im Leben erfahren dass nicht alles so richtig läuft, wie zum Beispiel: Schicksalsschläge, Krankheit, Notlagen usw., helfen uns bei diesen Anzeichen unsere höheren Teilbewusstseine der Quelle: die Lichtengel. Wer kennt das nicht, wenn man eine "Gänsehaut" bekommt, wenn man etwas hört oder plötzlich eine Eingebung hat. Dies sind die Schubser und/oder Umarmungen unserer Lichthelfer! Nur so konnten und können sie uns zeigen, dass wir im Moment entweder vollkommen an unseren Themen vorbeilaufen oder sie richtig erkannt haben. Ich benutze mit Absicht auch die Vergangenheitsform "konnten", denn vieles wird sich ändern - wir sind im Aufstiegsprozess.

Doch zunächst bleiben wir in diesem Kapitel im Karmaprozess. Der Mensch ist nun auf der Suche. Er will seine Themen, die er sich selbst auf der Seelenebene (Teilbewusstsein der Quelle) vorgenommen hat, erspüren und erleben. Je mehr er nun von seinem Kopf (Ego, menschlicher Verstand) wegkommt und auf sein Herz (Gefühl) hört, meditiert, betet (bittet), desto schneller wird er an sein "Lebensthema" herangeführt. Viele aufgestiegenen Meister: Jesus, Buddha, Krishna, Saint Germain u.v.a. wurden zunächst auf der physischen Ebene für ihre Lehren, Ansichten und

Meditationen ausgelacht, ja zum Teil umgebracht, um uns nun heute durch Channelings (Durchsagen) auf unseren Weg zu bringen.

Auf unserer Suche werden uns immer die "richtigen Leute" zugeführt, die uns auf unserem Weg helfen. Alte, nicht mehr dienliche Verbindungen werden oftmals getrennt, so dass neue entstehen können. Aber alles, was wir im Leben erschafft, gefühlt und erdacht haben, bleibt in unseren Zellen verankert und geht nicht verloren.

Der Kreislauf beginnt: Wir lernen und sterben, gehen zurück in die geistige Lichtwelt, zurück nach Hause, werden geschult. Wir inkarnieren. Wir lernen und sterben. Ein unvorstellbarer und langer Kreislauf, der Kreislauf von Karma. Die Quelle hat mit all ihren Bewusstseinen nun gelernt. Genug gelernt, was unsere Lernaufgabe Erde betrifft.

Warum möchte die Quelle lernen?

Um sich hierüber auch nur ansatzweise ein Bild machen zu können, ist es wichtig, dass wir in diesem Kapitel einmal unsere dualen Glaubensvorstellungen von *Anfang und Ende, Zeit und Raum sowie Gott und Religionen* beiseite legen.

Licht beinhaltet Schwingungen, Klänge, Farben und Informationen. Licht breitet sich aus, Licht verdrängt Dunkelheit. Betretet beispielsweise einen dunklen Raum und öffnet eine Tür zu einem hellen Raum. Was passiert?

Der dunkle Raum wird zwangsläufig heller. Daraus folgt: Dunkelheit muss immer weichen und wird vom Licht erfüllt. Umgekehrt nimmt der helle Raum die Dunkelheit nicht auf.

Doch reicht das Licht immer bis zu einer gewissen Distanz. Stellt euch eine große Halogenlampe vor und strahlt diese in den Nachthimmel. Der Strahl ist an der Lichtquelle ein gleißendes Licht, was unsere Augen reizt, hingegen wird der Lichtstrahl immer schwächer und verliert sich irgendwann im Nachthimmel. Benutzt man einen Laser, würden wir über weit größere Distanzen einen Lichtpunkt erzeugen.

Die Quelle breitet sich immer weiter aus. Das Licht der Quelle lässt sich nicht erklären. Die Quelle enthält die Summe aller Farben, Klänge und Gedankeninformationen, die sich in unserer Daseinsform auch nicht erklären und erfassen lassen.

Und doch sind wir aus Licht und ein Teil der Quelle, wir sind *All-In-Eins*. Die Ausweitung der Quelle erschließt Universen und Galaxien. Die Quelle hat keinen Anfang und kein Ende. Die Zeitform im Licht ist das schöpferische *JETZT*. Sobald ihr beispielsweise ein Bild malt oder eine Figur aus Ton kreiert, ist der Moment der

Kreation wichtig. Während man "erschafft", konzentriert man sich auch auf die Schönheit und Perfektion, die man gerade schöpft. Es interessiert einen während eines kreativen Pinselschwungs nicht, ob er gestern schon in unseren Gedanken war oder ob morgen der nächste Pinselschwung folgt. In diesem Moment befindet man sich ansatzweise im *JETZT*.

Das Licht der Quelle breitet sich immer weiter aus, so dass Dunkelheit weichen muss. Dieses Licht enthält dabei alle Gedankenformen, Schwingungen, Farben und Klänge um Universen, Galaxien bis hin zu einer kleinen Stubenfliege oder Amöbe in ihrer wunderschönen Beschaffenheit zu schöpfen.

Wir sind ein Ebenbild der Quelle, denn die Quelle ist Licht und Liebe. Wir sind Licht und Liebe. Die Quelle atmet genau so wie wir. Die Frequenz ist nur eine andere. Während eines Atemzuges sind in unserer Zeitform Milliarden von Jahren vergangen. Die Quelle atmet aus, das Licht verbreitet sich, die Quelle weitet sich. Dies ist der kosmische Tag. Es ist der Tag, denn es ist Licht. Die Quelle atmet ein und sammelt sich, das Licht strömt wieder zurück zur Quelle. Nicht nur das Licht strömt zurück, sondern auch das unglaublich große, gesammelte Wissen aller göttlichen Lichtfunken (Teilbewusstseine, Seelen). Die kosmische Nacht folgt, denn das Licht ist in der Quelle versammelt. Die kosmische Nacht bereitet sich durch die gesammelten Lernerfahrungen auf das neue kosmische Lernthema vor. Das Lernthema des kosmischen Tages lautet: **Mut**.

Der kosmische Tag, die Lernaufgaben und die Schöpfung beginnen von neuem......

Dies erklärt auch unsere Theorie vom Urknall. Dieser fand vor Milliarden von Jahren in der Ausatemphase der Quelle statt und erschuf somit auch Universen und Galaxien.

Wir befinden uns zurzeit in der Einatemphase der Quelle, das heißt, die Quelle sammelt nun alle göttlichen Lichtfunken zu sich zurück. Jeder Lichtfunke hat die Aufgabe zu dienen, zu lernen und bedingungslos zu lieben. Auf jeder Ebene der göttlichen Weisheit bemeistert sich der Lichtfunke als Teilbewusstsein der Quelle. Ist er auf der höchsten Stufe am Thron der Quelle angekommen, werden das schöpferische Wissen, die Verantwortung und die bedingungslose Liebe so groß, dass die Zusammenschmelzung mit der Weisheit der Quelle erfolgen kann.

Dadurch entstehen mehr Licht, Raum und Weisheit für neue "erdachte" Lichtfunken der Quelle, die wiederum während der Phasen des Atmens lernen. Das Licht breitet sich aus, die Quelle breitet sich aus. Die bedingungslose Liebe und wunderschöne Schöpfung breiten sich aus. Die verbleibende Dunkelheit und Tristheit weichen und erstrahlen in Schönheit und Weisheit des Lichts und der Liebe.

Die ersten Inkarnationen - Der Beginn des Kreislaufes von Karma in Lemuria und Atlantis

Zu Beginn der Schöpfung war die Erde gasförmig. Diese Zeit, auch "Hyperborea" genannt, war die 1. Dimension der Erde. Die ersten Wesensformen wurden Polarier oder Hyperboreer genannt und hatten einen großen lichtvollen Körper aus hauchdünnen Lichtfasern. Sie waren eher gasförmig und hatten eine riesengroße Gestalt. Sie bereiteten die Erde für die 2. Dimension vor.

Zunächst möchte ich auf die ersten Inkarnationen der Erde und ihre Lernaufgaben eingehen.

Die ersten Ausdrucksformen waren sehr wahrscheinlich zunächst drei Reiche der Erde: Das Mineralreich, das Pflanzenreich und ein Tierreich (Dinosaurier), um die Erde weiter zu entwickeln. Dies stellt die 2. Dimension dar. Das vierte Reich, das Menschenreich, wurde danach erschaffen.

Nach der Epoche der großen Saurier wurde das Erdgitterfeld auf die 3. Dimension vorbereitet. Die polare Veränderung dieses Magnetgitters führte durch zahlreiche klimatische und drastische Veränderungen der Erdstruktur zum Untergang der Dinosaurier.

Wann und wie die ersten Inkarnationen in der 2. Dimension stattfanden, vermag niemand auf dieser Ebene zu erahnen. Hilfestellung dazu leistet die Bibel, wenn man sie unter diesem Aspekt liest. Man beachte dabei, dass die Bibel nicht von der Quelle Gottes, sondern von Menschen geschrieben wurde. Sie beinhaltet viele Durchgaben (Channelings). Leider wurden viele interessante und wichtige Passagen auch von Menschenhand gestrichen.

Gerne möchte ich auf eine Zeitepoche eingehen, die Lemuria und Atlantis genannt wurde. Da sie eine der ersten innerhalb der Bewusstseinskette der Quelle waren, die sich entschlossen und bereit erklärten, zu inkarnieren, waren es entsprechend hohe Seelen mit einem großen Bewusstsein, dem sogenannten hohen Meisterstatus. Sie waren sich der Anbindung an ihre Seelenebene (höheres Selbst) voll bewusst. Sie bildeten die erste Rasse, die Kinder des Lichts, die Sternenkinder. Christus hat in einer Durchsage am Ende des Buches diese Form der Lichtarbeiter "Pioniere" genannt.

Die zuerst gebildete Rasse, die Kinder des Lichts, sind die heutigen Lichtarbeiter. *Ihr seid die Lichtarbeiter, du bist ein Lichtarbeiter, ein Pionier*! Aus diesem Grund ist es kein Zufall, dass du dieses Buch liest.

Atlantis erstreckte sich quer über den atlantischen Ozean und war mit Afrika, Amerika und Australien über einen Landstrich verbunden. Es war in zwei Hälften geteilt. Ein weiterer oberer Landstrich sowie die restlichen Länder stellten Lemuria dar. Die Erde hatte ein anderes Bild als heute.

Die Bewusstseine (Menschen) ließen große Lehren, Stätten und ein weit entwickeltes, erstes menschliches Gruppenbewusstsein entstehen. Sie bekamen große Hilfe, auch von der geistigen Lichtwelt und der Quelle direkt. Es floss eine hohe, direkt von der Quelle stammende Energie. Die bedingungslose Liebe und die schöpferische Verantwortung wurden auf diesem Planeten gelehrt. Nun standen auch andere Bewusstseine der Quelle Schlange um zu inkarnieren. Junge Seelen, die mit Lernaufgaben der Erde beauftragt wurden. Sie bildeten zunächst keine Intuition, da ihre Seelenebene noch nicht so weit entwickelt war. Sie besaßen eher einen Instinkt. Von der Rasse und dem Aussehen her, dürften sie unserem Bild der Steinzeitmenschen sehr ähnlich gewesen sein. Gleichzeitig begannen große Epochen von Lemuria und Atlantis. Auf der höheren Bewusstseinsebene der Menschheit entwickelte sich eine Art Hohepriester. Es wurde geheilt, gelehrt und auch geforscht. Benutzt wurden Schwingungsmuster, die sie aus den höheren Ebenen der Quelle, aus dem Seelenreich, kannten. Diese waren Farben, magnetische Schwingungen, Kristalle, Töne, Gesänge und vieles mehr.

Die Atlanter und Lemurier erhielten Hilfe aus verschiedenen Bereichen des Kosmos, zum Teil aus Bewusstseinsstufen, die ähnlich unserer Erde waren, sich aber in feinstofflicheren Eben befanden. Die Planeten waren Sirius, Orion, Venus und die treuesten Helfer waren die Plejadier. Sie konnten sich durch die höheren Schwingungen ihrer Körper auch sehen. Sie halfen bei den Lehren und beim Aufbau der ersten Pyramiden. Erbaut wurde auf hohem feinstofflichen Niveau: Man war sich der Weisheit der "Levitation" bewusst, das heißt, man konnte Kraft der Gedanken "Feinstoffliches" materialisieren. Dazu wurde in Sekundenbruchteilen feinstoffliche Materie (unzählige feinstoffliche Atome) dematerialisiert, neu geordnet und grobstofflich materialisiert. So entstanden große Bauwerke Kraft der Gedanken, Levitation und Teleportation.

Auf dem anderen Teil von Atlantis wurde gearbeitet. Es waren inkarnierte, mittlere entwickelte Bewusstseine. Sie betrieben Ackerbau und halfen bei der Nahrungsproduktion. Über den Besuch von feinstofflichen Verwandten sind sie oft erschrocken und haben daraus immer wieder Kult, Anbetung und Religion entstehen lassen.

Einige der Hohepriester (sie waren männlich und weiblich), begannen gegen strenge göttliche Verbote zu verstoßen. Diese ersten Gebote wurden erstellt, da sie zum damaligen Schwingungsausgleich wichtig waren. So war es untersagt, sich in Bewusstseine "einzuschwingen", die in der Entwicklung noch nicht so weit waren. Das, was man heute als Geschlechtsakt bezeichnet, geschah auf dem höher entwickelten Teil von Lemuria und Atlantis mit der Kraft der bedingungslosen Liebe und der Gedanken.

Durch unzählige Verstöße gegen die kosmischen Gesetze wurde die hohe Schwingung vermischt mit den niedrigen Schwingungen der noch nicht so hoch entwickelten Bewusstseine. Daraus entstanden die ersten Disharmonien der Seelen im physischen Bereich. Sie paarten sich mit den Bewusstseinen, die den physischen Geschlechtsakt vollzogen. Ihre Körper begannen niedriger zu schwingen. Die ersten niederen Emotionen brachen aus: Frauen wurden durch "Missgeburten" beschuldigt, dies alles verursacht zu haben. Sie wurden aus den Priesterorden verbannt, Rassenhass, Zorn, Wut, Aggressionen, Scham, Wut auf die Quelle, Vergewaltigung, Selbstmitleid, Angst, Gefühle der Minderwertigkeit, Unsicherheit, Kommunikationsschwierigkeiten (Sprachen), Gereiztheit, Wut auf den Lernprozess und Polaritätsspaltung begannen.

Der Planet hatte damals wie heute ein planetarisches Gitter. Dieses diente und dient zur Weiterleitung der kosmischen Energien des Lichtes und der Übermittlung aus der geistigen Lichtwelt. Die Sender und Empfänger waren zu dieser Zeit die Pyramiden, Kristalle, Chakren der höher entwickelten Bewusstseine (Menschen).

Da die Gedankenformen der höher entwickelten Bewusstseine äußerst kraftvoll waren, wurden alle Töne, Harmonien, Farben, Heilung und Informationen in die Kristalle und Pyramiden übertragen. Es gab vor Ausbruch der Disharmonien verschiedene Tempel, darunter auch den **Tempel des Ausgleichs**. Dort war ein Hohepriester, der alle Menschen auf beiden Teilen der Erde lehrte und mit unglaublichen violetten, transformatorischen Kräften heilte. Man nannte seinen Orden auch den **Tempel der violetten Flamme**. Dieser Priester (Inkarnation des Saint Germain) war eine sehr hohe Seele, angebunden und sich der hohen Ebenen der violetten Lenkerstrahlen der Quelle bewusst. Er lehrte Dutzende, Tausende. Alle Menschen, auch die weniger entwickelten Bewusstseinsformen kamen bei geringsten Anzeichen von Disharmonien in seinen Tempel um den Ausgleich und inneren Frieden wieder herzustellen. Alle waren sich bewusst, würde der Ausgleich nicht stattfinden und sich negative Schwingungsfelder auf Kristalle, Pyramiden und Chakren verteilen, so wäre dies das Ausmaß einer Katastrophe, das Ende der physischen Welt. Alle Bewohner wussten dies.

Durch die verheerenden Änderungen der Schwingungsmuster wurde das Gleichgewicht instabil, die Gedankenmuster verzerrten sich. Einige Oberpriester begannen Experimente mit Tieren durchzuführen, sie schwangen sich in die physischen Körper ein und kreierten so Mutanten und schreckliche Kreaturen, die wir aus Überlieferungen kennen.

Die Gedankenmuster verzerrten sich immer mehr, so dass die ersten Menschen in Panik vor diesen Kreaturen und ihren Gedanken ein Schattenreich aus erdachten, dunklen Kreaturen erschufen. Diese Vorstellungen existierten und existieren nicht wirklich.

Die Erde erhielt viel Besuch aus den Bereichen von Orion. Die Schwingungen des Orion waren von der Erzengelgruppe Luzifer geleitet. Teile von Orion gerieten in einen Bann der niederen Gedankenmuster. Sie begannen sich in die unteren Schwingungsebenen einzuschwingen, um ebenfalls diese Lernaufgabe der Erde bewusst physisch zu erfahren. Die Bewohner von Orion verlockten den entstehenden menschlichen Verstand, sie ließen die Angst und Gier nach Materie entstehen. Lehren über Dunkelheit und Schattengestalten sowie gefallener Erzengel wurden von Teilen der Bewusstseinsgruppen auf Orion an die Menschheit übertragen. Vielen Menschen fällt es auch noch heute schwer zu begreifen, dass dies alles aus der göttlichen Liebe entsprungen ist, um zu lernen und zu wachsen.

Diese hohen Wesenheiten und auch der schöne Erzengel Luzifer waren niemals "gefallen". Sie haben den kosmischen Gesetzen von bedingungsloser Liebe gedient und dienen auch heute noch. Unsere eigenen Gedankenmuster erschufen Verzerrungen im menschlichen Verstand. Duale Glaubensmuster über Schattenwelt und Lichtwelt entstanden in den Köpfen der Menschen. Aus den hohen Gedankenmustern der Schöpfung und Liebe der Quelle mit der numerologischen Zahl und Schöpfungsschwingung 999 entstand im menschlichen Verstand die Schwingung 666 innerhalb der Dualität, die groteske Gedanken über Fürsten der Dunkelheit, Hass, Gier und Krieg im menschlichen Verstand entstehen ließ.

Viele atlantische Forscher begannen zur gleichen Zeit, große mächtige Strahlenkräfte in das Erdinnere zu leiten. Dies führte zu einer großen Instabilität der Erdplatten.

Die starken Kräfte der negativen Gedankenformen übertrugen sich auch auf die Kristalle, Pyramiden und Chakren. Lemurier und Atlanter verstrickten sich in einen erbitterten Krieg. Die Gedankenstrukturen ließen die Kristalle und Pyramiden explodieren. Das große Kollektivbewusstsein sowie die Quelle beschlossen in bedingungsloser Liebe, nach dem kosmischen Gesetz "göttliche Vollkommenheit und Ordnung zum Segen aller Wesen", dass diese Daseinsform beendet wird.

Eine Wesenheitsgruppe mit dem Schwingungsnamen "Kryon" unter der Führung von Erzengel Michael erstellte ein neues planetarisches Gitter. Die Ordnung wurde wieder hergestellt. Die Erdplatten verschoben sich durch den Einfluss der neuen Pole des Erdgitters. Atlantis und Lemuria gingen unter. Alle Bewohner der Erde versammelten sich in Liebe innerhalb des Kollektivs auf der Seelenebene. Das Kollektiv und auch die Quelle beschlossen, dass sich dies nie wiederholen wird. Der Lernprozess war abgeschlossen.

Erzengel Michael vertrieb diese Gedankenschwingungen und irregeleiteten Lichtwesen (Erzengel Luzifer und Helfer) aus dem feinstofflichen Bereich um Orion. Diese hohen Wesenheiten wurden geheilt, geschult und auf der Lichtebene als Bewusstseine in bedingungsloser Liebe integriert. Doch diese Gedankenmuster sollten sich dann in einer späteren Epoche der Menschheit in der physischen Welt im Rahmen der Dualität hartnäckig weiter fortsetzen. Sie verankerten sich in unseren Gedanken- und Glaubensmustern und in unseren wichtigsten Informationsträgern "den Genen". In unseren Genen sind auch bis heute Informationen aller Art gespeichert.

Die niedrigen Schwingungsformen wurden zwar vertrieben, denn sie wurden in den astralen Bereich verbannt, sind aber als Grundschwingungen sowohl dort, als auch in uns, übrig geblieben.

Das neue Lernprogramm der physischen Welt begann. Die 3. Dimension der Erde war erreicht.

Karma, das Gesetz von Ursache und Wirkung war geboren.

Was ist der astrale Bereich?

Der astrale Bereich stellt Parallelwelten dar. Dieser Bereich ist, wie alle Bereich der Quelle, in zunächst (für uns unvorstellbar) *sieben* Bereiche aufgeteilt. Diese sieben Ebenen stellen ein Hologramm bzw. eine Matrix dar. Alles, was man sich erdenkt, geschieht. Auf den *unteren* Ebenen der Astralwelt sind niedrige Gedanken und Schwingungsformen sowie die aus dem feinstofflichen göttlichen Teil der Quelle verbannten niedrigen Gedankenformen, wie Dunkelheit und dunkle Gestalten (verbliebene Teilschwingungen und Gedankenmuster des Erzengels Luzifer etc.), Angst, Hass, ungute Gedanken und erdgebundene Seelen.

Auf den obersten Ebenen befinden sich Licht, Liebe, Erzengel, Engelswesen und höchste, der Quelle des höchsten Bewusstseins entsprechende Gedankenmuster.

Besuchen wir diese Bereiche?

Ja, beispielsweise in unseren Träumen. Besuchen und bereisen wir in unseren Träumen die *unteren* Bereiche, bescheren sie uns Alpträume und Ängste, wenn wir hingegen die *mittleren* Bereiche besuchen, befinden wir uns in schönen Träumen oder Wunschträumen. In den Astralbereichen können wir nicht frei wählen, wir erleben. Wir kreieren und übertragen unsere Gedankenmuster in die Astralwelt und können diese auch in unsere physische Welt übertragen. Auch besuchen wir die Astralwelten nach unserem physischen Tod. Aus diesem Grund befinden sich erdgebundene Seelen in den unteren Bereichen. In den mittleren und höheren Ebenen befinden sich feinstoffliche Teilbewusstseine (Seelen) von uns. Diese Welten dienen dem Ausruhen nach Aufenthalt in den Dimensionswelten und der kosmischen Schulung und Heilung durch höhere Teilbewusstseine (hohe Lichtwesen). Die Dimensionswelten dienen dem eigenständigen Lernen nach dem Aufenthalt in den Astralebenen. Die Menschheit ist jetzt im Übergang von der 3. in die 4. Lerndimension (Verdeutlichung siehe Skizze auf Seite 26).

Es ist uns nach einem kosmischen Gesetz nicht erlaubt, eine Brücke zwischen den unteren Ebenen der Astralwelt und der physischen Welt aufzubauen!

Dies bedeutet, wenn wir die alten negativen Teilschwingungen (Neid, Gier, Hass, dunkle Gestalten) der unteren Astralwelt gedanklich in unsere Welt übertragen und danach handeln, so beschert es uns große Probleme im Lernprozess.

Da wir uns aber in der physischen Welt in der freien Wahl befinden, kann jeder frei entscheiden, muss aber damit rechnen, dass er sich selbst bestraft, wenn *untere* Bereiche der astralen Ebene bereist wurden und diese Gedanken in die physische Welt übertragen werden. Der Körper reagiert sofort mit Angst und Chaos. Das passiert leider noch zu oft.

Auf die *höheren Ebenen* der Astralwelt kommen wir durch hohe Gedankenentwicklung und Annäherung an unseren göttlichen Teil der Quelle. Nur wenn ein Gedankenkörper weiter entwickelt ist, kann er diese Bereiche in Träumen bereisen. Dort finden Schulungen der Lichtwesen statt, luzide (pures Licht) Träume sind keine Seltenheit. In den höheren Sphären der Astralwelt wird nur noch luzide Lichtzeichensprache verwandt. Dies ist die hohe Sprache der Quelle wie auf den Steintafeln der 10 Gebote Moses.

In den unteren und mittleren Bereichen der Astralebene befinden sich auch erdgebundene Seelen. Das sind verstorbene Menschen, deren Seelenkörper sich nicht aus den Gedankenmustern der Erde trennen wollen. Sie hängen sozusagen zwischen der physischen Welt und den Lichtebenen der Quelle und landen in der Astralebene. Sie verweigern sich in das Licht zu gehen, da ihre Gedankenmuster bei der Erde sind. Oft sind sie plötzlich aus dem Leben gerissen worden, haben extremes Karma oder Selbstmord begangen. Sie erleben jedes Mal dasselbe, die Seelen erkennen aber nicht, dass sie in selbst kreierten Gedankenmustern gefangen sind. Nach meiner Erkenntnis gibt es so etwa wie "Hölle" nicht. Dies sind unsere eigenen Gedanken- und Glaubensmuster.

Doch diese Seelen, wenn sie sich auf der untersten Ebene aufhalten, erleben in ihrer selbst kreierten Gedanken-/Astralwelt so etwas Ähnliches. Sie übertragen Schwingungen in die physische Welt, die dann als Geister, Gespenster oder als "außersinnliche" Wahrnehmung von uns aufgenommen werden.

Können wir erdgebundenen Seelen helfen?

Das sollte sogar für uns als Lichtarbeiter eine Pflichterfüllung sein! Denn jede erdgebundene Seele trägt zur **Schwingungssenkung** des Planeten und von uns bei. Jede erdgebundene Seele, die in die höheren Lichtebenen der Quelle aufsteigt, trägt zur **Erhöhung der planetarischen Schwingung bei**.

Fügt folgenden Zusatz in eure Gebete bzw. Meditationen mit ein:

Ich visualisiere mir eine große Lichtsäule, direkt zur Quelle allen Seins.
Ich bitte nun alle erdgebundenen Seelen, in dieses göttliche weiße Licht zu gehen.
Geht in diese Lichtsäule. Löst euch aus unseren Herzen, löst euch
aus unseren Gedanken und unserer Erde.
Vertraut und geht in das göttliche weiße Licht, geht der allumfassenden Liebe Gottes
entgegen.

Einige werden euch erhören und es auch tun, ohne dass ihr es bemerken werdet. Doch tut es, denn es gibt so unendlich viele!

Quelle
aller Bewussteine
Gott Vater/Mutter

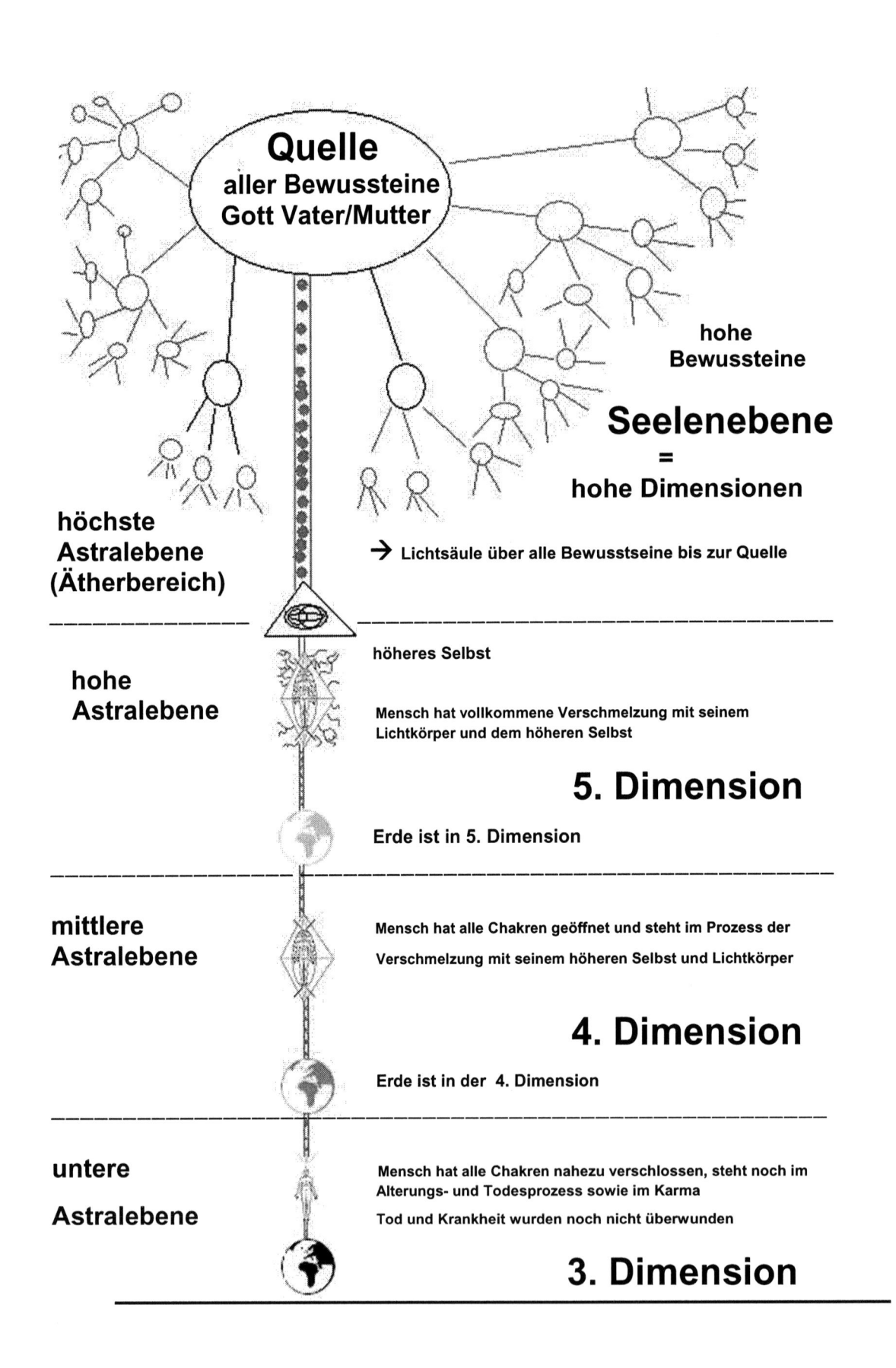

hohe Bewussteine

Seelenebene
=
hohe Dimensionen

→ Lichtsäule über alle Bewusstseine bis zur Quelle

höchste Astralebene (Ätherbereich)

hohe Astralebene

höheres Selbst

Mensch hat vollkommene Verschmelzung mit seinem Lichtkörper und dem höheren Selbst

5. Dimension

Erde ist in 5. Dimension

mittlere Astralebene

Mensch hat alle Chakren geöffnet und steht im Prozess der Verschmelzung mit seinem höheren Selbst und Lichtkörper

4. Dimension

Erde ist in der 4. Dimension

untere Astralebene

Mensch hat alle Chakren nahezu verschlossen, steht noch im Alterungs- und Todesprozess sowie im Karma

Tod und Krankheit wurden noch nicht überwunden

3. Dimension

Die Neuentstehung nach Atlantis

Nachdem die Quelle und alle Teilbewusstseine die "Lernerfahrung" auf Atlantis abgeschlossen hatten, inkarnierten die höheren Bewusstseine, die nicht in den Karmamustern verstrickt waren, wieder neu. Sie erbauten große, neue Kulturen. Die hohen feinstofflichen Schwingungen, Pyramiden und Kraftfelder von Atlantis und Lemuria blieben bestehen und existieren auch heute noch. Wir können sie allerdings noch nicht wahrnehmen. Überall, wo hohe Kraftorte und Gebäude entstehen, erzeugen sie auch Feinstoffliches.

Aus diesem Grund inkarnierten die Teilbewusstseine auch in den alten atlantischen und lemurianischen Bereichen Süd- und Mittelamerikas und bildeten dort hohe Kulturen der Mayas, Inkas und Azteken. Auch Australien wurde mit hoch entwickelten, natur- und lichtverbundenen Kulturen besiedelt. Der alt-atlantische Teil Afrikas erfuhr durch die frühen ägyptischen Kulturen eine Blütezeit. Die ersten inkarnierten Teilbewusstseine errichteten in diesen alt-atlantisch lemurianischen Gebieten "Pyramiden".

Diese Pyramiden dienten als Sender, Empfänger und Verstärker des neuen Gitternetzes und der Lichtenergien. Sie mussten erbaut werden, da sich das Gruppenbewusstsein entschloss, die Chakren vollkommen zu verschließen. Dies diente dazu, die Karmaerfahrungen und Schwingungen zu erlernen und auf- und abzubauen. Die Chakren wurden mit feinstofflichen Kristallen versiegelt. Die vollkommene Abtrennung von unserem eigentlichen Zuhause erfolgte. Das Licht wurde nun nicht mehr so gut durch unsere Chakren in die physische Welt verteilt. Dies übernahmen die Pyramiden, da wir zu sehr mit unseren Lernaufgaben beschäftigt waren, um diese hohe Verantwortung zu tragen. Auch trugen wir ab diesem Zeitpunkt nicht mehr die Verantwortung für die physische Erde.

Um uns vollkommen unseren Lernerfahrungen mit der dichten Materie hingeben zu können, bekamen wir viele Helfer aus der geistigen Lichtwelt, die die Aufgaben für die Regulierung der Schwingungen auf der Erde übernahmen. Sie dienten, halfen uns und tun das zum Teil auch heute noch. Für die meisten von uns sind und waren sie unsichtbar. Für einige Menschen waren sie aber sichtbar, doch half es oftmals nichts, darüber zu berichten, da die meisten Menschen darüber lachten. Doch haben sich viele Lehren aus dem Elfen-, Gnomen- und Helfersreich entwickelt, die vieles über unsere Elemente Erde, Feuer, Luft, Wasser und über Naturgesetze berichten.

Zu allen Zeiten bekamen wir auch Hilfe von den hohen Lichtwesen, den Erzengeln (Michael, Jophiel, Chamuel, Gabriel, Raphael, Uriel und Zadkiel). In den ersten Epochen der Reiche inkarnierten überwiegend hohe Bewusstseine (Meister), die zum Teil nicht inkarnieren mussten, sondern sich materialisierten, das heißt, dass sie sich auf die Erde herabschwangen. Der hohe Einfluss der Lichtwesen versetzte die Reiche der Mayas, Inkas und Azteken in eine Blütezeit. Hohe Lehren folgten und große Gebäude wurden erbaut.

Die Lehren waren auf hoher Ebene stets die gleichen - sie sind es auch heute noch. Viele Menschen lernten von den Meistern und wurden zum Teil selbst Meister, so dass sie aufsteigen konnten. Einige Namen der hohen Bewusstseine sind:

Melchizedek, Mahatma, Maitreya, Christus, Sananda, Buddha, Metatron, galaktischer Helios etc. Viele große Meister wurden auf der Erde geschult, indem sie viele Male inkarnierten, um ihre Bemeisterung als aufgestiegene Meister zu erreichen.

Die Namen der hohen Meister und Bewusstseine sind z.B. El Morya, Saint Germain, Serapis Bey, Hilarion, Kuthumi, Paul der Venezianer, Moses, Abraham, Jesus, Maria Magdalena, Saulus, Paulus, Sanat Kumara, Artur, Isis, Mutter Maria, Quan Yin, Krishna, Rama, Osiris, Sandalphon, Enoch, Thoth, Djwal Kuhl, Mutter Theresa, Appolonius von Tyanna, Konfuzius, Laotse, Adonis, Babaii, Mahatma Ghandi, Zoroaster, Pallas Athena, Lady Portia, Vista, Lady Nada ... und viele, viele mehr.

Ihr seht, es gibt viele Meister und hohe Bewusstseine und viele Namen. Zum Teil waren sie sogar in verschiedenen Inkarnationen ein und dasselbe Bewusstsein.

Wir alten Seelen waren schon so oft hier, um jetzt auch die Möglichkeit zu haben, in diese Kette der Namen aufgenommen zu werden.

Auf allen Teilen der Welt gab es Propheten. Die Lehre der Quelle, des Vaters, war stets die gleiche, nur wurde sie durch die entstehenden Religionen verzerrt.

Zunächst möchte ich an einem Beispiel auf ein Volk eingehen, auf die Ägypter. Nach der Beendigung von Atlantis erbauten die hohen Bewusstseine unter Führung und Mithilfe der plejadischen Erzengel Ra und Re, An-Ra, Ma-at und Ptah sowie den hohen Bewusstseinen Thoth, Osiris, Anubis, Serapis u.v.a. das große ägyptische Reich. Die Pyramiden wurden auf die Kraftfelder der Plejaden ausgerichtet. Große plejadische Lehren entstanden. Viele jüngere Seelen inkarnierten dazu, so dass sie wiederum ihre Lernaufgaben hatten. Dies führte zur Beendigung der hohen Lehren, viele Hohepriester und Seelen zogen sich zurück und lehrten nur diejenigen, die bereit waren das Wissen um den Aufstieg zu empfangen. Die jüngeren Seelen begannen, ihre Karmaerfahrungen zu leben.

Aus dem ägyptischen Reich wurde eine Art "Beamtenstaat". Die hohen ursprünglichen Lehren über die Seelenebene, den Lichtkörperprozess und die hohen Lichtreiche verloren sich in Kulte. So wurden aus den Erzengeln "Götter". Viele Länder der Erde begannen ihre Machterfahrungen auszuleben. Es entstanden Imperien, die sich zum Teil in großen Kriegen befanden. Es ging stets um Macht und niedrige Belange, das hohe Bewusstsein zu der Quelle wurde teilweise ersetzt durch Personen-Götterkult (z.B. Pharaonen) und die Viel-Götter-Kulte.

Dies war die völlige Abwendung von der Quelle. Die hohen inkarnierten Seelen begannen, sich der aussichtslosen Lage bewusst zu werden. Sie spürten dies in ihrem Zellgut. So verließen sie Ägypten, um unter der Führung des hohen Bewusstseins "Moses" ihr heiliges Land zu suchen. Dies geschah überall auf der Welt. Viele begannen, sich den alten Lehren bewusst zu werden, um ihre Anbindung an Gott, die Quelle allen Lebens, wieder zurückzufinden. Diejenigen, die bereit waren, wurden so wie heute von der geistigen Lichtwelt und den Meistern geschult. Sie begaben sich zu den heiligen Orten und wurden in die alten Lehren über Transformation, Heilung und Lichtarbeit gelehrt. Viele stiegen in diesen Zeitspannen auf, integrierten sich mit ihrem höheren Bewusstsein und "besuchten" die Erde wieder.

Auf allen Teilen der Erde gab es Propheten, die ihrerseits zunächst gelehrt wurden um dann im Dienst für die Lichtarbeit, andere zu lehren. Sie entsprangen alle der gleichen Lehre - der Lehre des Lichts und der bedingungslosen Liebe. Wie ihr anhand der Auflistung sehen könnt, sind die Namen auf allen Teilen der Erde vertreten. Getrennt wurden diese Lehren nur durch die entstandenen Religionen und Glaubensmuster. Doch möchte ich wieder als Beispiel im nächsten Kapitel auf einen großen Meister und Lehrer eingehen - denn er hat erkannt, dass er durch die Erleuchtung des Christusbewusstseins wirklich "Sohn Gottes" ist. Er lehrte uns, wie wir auch dies erreichen können. ICH BIN. ICH BIN, die ICH BIN und ICH BIN, der ICH BIN. Es ist die höchste Ausdrucksform und die höchste Erkenntnis, die ein Mensch in einer Inkarnation finden kann - das ICH BIN.

Das Leben und die Lehren des Meisters Jesus

Jesus, der das Christusbewusstsein trägt, Sohn Gottes und
König der Könige, König der Liebe.

Wer das Christusbewusstsein ICH BIN in sich erkannt und vollkommen integriert hat, ist wahrlich Gottes Sohn. Diese große Seele braucht keine Materie, keinen König mehr. Er steht in seiner bedingungslosen Liebe über allen Königen, die nach Macht und Reichtum streben. Die große Seele hat dann ein hohes Ziel erreicht: König des Lichtes und der Liebe zu sein.

Maitreya-Bewusstsein
Das Maitreya-Gebet

Aus dem Quell des Lichts im Denken Gottes,
ströme Licht herab ins Menschendenken!
ES WERDE Licht auf Erden!
Aus dem Quell der Liebe im Herzen Gottes
ströme Liebe aus allen Menschenherzen!
Möge Christus wieder kommen auf Erden!
Aus dem Zentrum, das den Willen Gottes kennt,
lenke planbeseelte Kraft die kleinen Menschenwillen
zu dem Endziel, dem der Meister wissend dient!
Durch das Zentrum, das wir Menschheit nennen,
entfalte sich der Plan der Liebe und des Lichts
und siegle zu die Tür zum Übel!
Möge Liebe, Licht und Kraft
den Plan auf Erden wieder herstellen!

(Maitreya)

In diesem Kapitel möchte ich mehr auf die Lehren von Jesus eingehen und wie wir sie in unserem heutigen Leben verstehen, umsetzen und integrieren können.

Hier habe ich einige Ausschnitte aus der Bibel. Sie umfassen Auszüge der "Versuchung" Jesus und die Bergpredigt. Da es oft schwer ist, die alte Schriftform zu entziffern und zu verstehen, habe ich mir erlaubt, sie nach meiner Wahrheit auf die heutige Form umzuschreiben:

Die "Versuchung Jesus"

Als Jesus auf dem Weg durch die Wüste war, hatte er über einen Monat gefastet. Er bekam verständlicherweise Hunger. Sein Verstand (der in der Bibel als Teufel bezeichnet wird) begann ihm einen großen Streich zu spielen.

Sein EGO sagte: *Wenn du Gottes Sohn sein sollst, dann verwandle doch die Steine hier auf dem Boden zu Brot.*

Die innere Stimme Jesus sagte: Der Mensch lebt nicht vom Brot allein, sondern von einem jeglichen Wort, das durch den Mund Gottes geht.

Er meinte, dass wir alle von Lichtnahrung leben können, sofern wir das Vertrauen besitzen und diese in uns aufnehmen. Es ist die lichtere Nahrung, von der wir uns ebenso ernähren könnten, solange wir im Vertrauen zur Quelle leben. Durch jedes Wort kreieren wir. Das Wort Gottes geht auch aus unserer Sprache und Ausdrucksweise hervor, da wir ein Teil der Quelle sind.

Sein EGO führte ihn in Gedanken in eine große Stadt, auf das Dach eines großen Tempels und sagte:

Wenn du wirklich nach allen diesen Lehren Gottes Sohn sein sollst, dann wirf dich doch herab, denn in den Lehren deiner Meister und Gelehrten steht: Gott wird seinen Engeln über dir Befehl tun und sie werden dich auf den Händen tragen, auf dass du deinen Fuß nicht an einen Stein stoßest!

Die innere Stimme Jesus sagte: Wiederum steht auch geschrieben, du sollst deinen Herrn Gott nicht versuchen!

Er meinte, dass es keinen Sinn ergibt, sich über kosmische Gesetze und das Gesetz der freien Wahl hinwegzusetzen. Wir haben hier unsere Lernerfahrung und sollten ein "Wunder" nicht herausfordern. Es könnte ja auch sein, dass es aus Lernerfahrungen nicht eintritt.

Wiederum führte sein EGO ihn in seinen Gedanken auf einen hohen Berg und zeigte ihm alle Reiche der Welt und sagte:

Das alles will ich dir geben, wenn du auf die Knie gehst und mich anbetest (wenn du jetzt alles abbrichst und mir endlich was zu essen gibst).

Die innere Stimme Jesus sagte: Du sollst anbeten Gott deinen Herrn und ihm allein dienen!

Er meinte, dass wir nicht immer auf das EGO hören sollen und mit dem Kopf durch die Wand gehen, sondern mehr die Anbindung zu der Quelle und den Lichtweg finden. Das EGO wird sich Schritt für Schritt mehr integrieren und die Gegebenheiten akzeptieren. Es bringt auch nichts, das EGO mit Gewalt zu zwingen. Wir stehen, wie Jesus, Tag für Tag mit unserem EGO in Konflikt, ohne dass wir es "verteufeln" sollen.

Nachdem Jesus dies sagte, war die Lernaufgabe, die auch eine Prüfung darstellte, vorbei. Das EGO hielt Ruhe und schon diente ihm die geistige Lichtwelt und versorgte ihn mit allem, was er brauchte. Diese Form der "Versuchung" geschieht uns ebenso Tag für Tag und keiner kann behaupten, sich davon freizusprechen.

Die Bergpredigt

Selig sind, die da arm im Geist sind, denn ihrer ist das Himmelreich.

Freuen dürfen sich alle, die in ihrem Vertrauen nur noch etwas von Gott erwarten und nichts von sich selbst, denn sie werden mit ihm im neuen goldenen Zeitalter der vierten und fünften Dimension leben. Freuen dürfen sich alle, die in dieser Inkarnation die geistige Behinderung gewählt haben, denn sie haben die höchste Anbindung zur geistigen Lichtwelt.

Selig sind, die da Leid tragen, denn sie sollen getröstet werden.

Freuen dürfen sich alle, die unter der Not der Welt durch Krieg, Habgier und ungerechte Verteilung leiden, denn die Quelle wird ihnen alle Last im goldenen Zeitalter der vierten und fünften Dimension abnehmen.

Selig sind die Sanftmütigen, denn sie werden das Erdreich besitzen.

Freuen dürfen sich alle, die entscheiden, keine Gewalt mehr anzuwenden, denn die Quelle wird ihnen im neuen goldenen Zeitalter der vierten und fünften Dimension die Erde als verantwortungsvollen Besitz in die Obhut geben.

Selig sind, die da hungert und dürstet nach der Gerechtigkeit, denn sie sollen satt werden.

Freuen dürfen sich alle, die brennend darauf warten, dass das Gruppenbewusstsein aller Menschen angehoben wird, so dass wir durch die Schönheit und Gerechtigkeit der Quelle und der Christusenergie in unseren Herzen im neuen goldenen Zeitalter der vierten und fünften Dimension in Frieden und Gerechtigkeit leben können.

Selig sind die Barmherzigen, denn sie werden Barmherzigkeit erfahren.

Freuen dürfen sich alle, die barmherzig sind, denn durch das Gesetz der Resonanz wird durch die Quelle Barmherzigkeit zu ihnen im neuen goldenen Zeitalter der vierten und fünften Dimension zurückfließen.

Selig sind, die reinen Herzens sind, denn sie können Gott schauen.

Freuen dürfen sich alle, die ihre Chakren geöffnet haben, den Transformationsprozess durchstanden und insbesondere ihr Herzchakra geöffnet haben. Durch die vollkommene Integration des Lichts und des Christusbewusstseins aktivieren wir in unserem Herzen das ICH BIN und erkennen, dass wir liebevolle Teile der Schöpfung Gottes im neuen goldenen Zeitalter der vierten und fünften Dimension sind. Gott, die Quelle lebt und agiert aus unserem Zentrum unseres ICH BIN. Diese Erkenntnis führt uns zu unserem ICH BIN, die/der ICH BIN, ein Teil der Quelle des ALL-IN-EINS zu sein.

Selig sind die Friedfertigen, denn sie werden Gottes Kinder heißen.

Freuen dürfen sich alle, die um weltweiten und inneren Frieden bemüht sind, denn ihre Anzahl wird unser Gruppenbewusstsein erhöhen und nach dem Gesetz der Resonanz, Frieden erzeugen. Wir werden als Teil des ALL-IN-EINS im neuen goldenen Zeitalter der vierten und fünften Dimension die Lichtkinder sein, die alle anderen lehren, die das Licht suchen.

Selig sind, die um Gerechtigkeit willen verfolgt werden, denn das Himmelreich ist ihrer.

Freuen dürfen sich alle, die verfolgt, eingesperrt und schlecht behandelt wurden, denn ihre Zeit wird im goldenen Zeitalter der vierten und fünften Dimension kommen. Sie werden belohnt für ihre Bemühungen. Beispiel: Nelson Mandela

Selig seid ihr, wenn euch die Menschen um meinetwillen schmähen und verfolgen und reden allerlei Übles wider euch. So sie daran lügen. Seid fröhlich und getrost, es wird euch im Himmel wohl belohnt werden. Denn also haben sie verfolgt die Propheten, die vor euch gewesen sind.

Freuen dürfen sich alle, die zurzeit Lichtarbeiter sind. Viele, die das Licht und die Lehren verteilen, die meditieren, beten, heilen und channeln, werden noch belächelt oder ausgelacht. Freut euch trotzdem, denn vielen weisen Menschen erging es zu allen Zeiten der Weltgeschichte genauso, um im neuen goldenen Zeitalter der vierten und fünften Dimension gemeinsam allen zu helfen, die das Licht verzweifelt suchen.

Salz und Licht für die Welt

Jesus: Was das Salz für die Nahrung ist, das seid ihr Lichtarbeiter für die Welt. Wenn aber das Salz seine Kraft verlieren würde, wie soll es sie wiederbekommen? Man könnte es für nichts mehr gebrauchen. Darum wird man es wegwerfen, die Menschen würden es zertreten.

Ihr seid das Licht für die physische Welt. Eine Stadt, die auf einem Berg liegt, kann nicht verborgen bleiben. Auch brennt keiner eine Lampe an, um sie dann unter eine Schüssel zu stellen. Im Gegenteil, man stellt sie auf einen erhöhten Platz, damit sie allen ins Haus leuchtet. Genau so muss auch euer Licht vor den Menschen leuchten: sie sollen eure guten Taten sehen und das Licht der Quelle, des Vaters, das ALL-IN-EINS erkennen.

Von der Vergeltung und Feindesliebe

Jesus: Ihr wisst, dass es heißt: Aug um Aug, Zahn um Zahn. Ich aber sage euch: Ihr sollt euch überhaupt nicht gegen das Böse in den Köpfen eurer Mitmenschen wehren! Wenn dich einer auf die rechte Backe schlägt, dann halte ihm auch die linke hin.

Bitte für dich und für die Person um Transformation und die Erkenntnis des Lichtes und der Liebe!

Jesus: Wenn jemand mit dir um dein Eigentum prozessieren will, dann gib ihm sogar noch was hinzu.

Bitte für dich und für die Person, die Erkenntnis Sieg des Geistes über die Materie zu erlangen!

Jesus: Und wenn einer dich zwingt, ein Stück weit mit ihm zu gehen, dann geh mit ihm doppelt so weit.

Bitte für dich und für diese Person, das Gesetz der freien Wahl für alle Menschen zu erkennen!

Jesus: Wenn einer dich um etwas bittet, dann gib es ihm, wenn einer etwas von dir borgen möchte, dann leih es ihm.

Bitte darum, dass die Quelle dich versorgt, so dass du alles was du brauchst, wieder zurück erhältst!

Jesus: Ihr wisst auch, dass es heißt: Liebe alle, die dir nahe stehen und hasse alle, die dir als Feinde gegenüberstehen. Ich aber sage euch: Liebt eure Feinde und betet für die, die euch verfolgen! So erweist ihr eure Erkenntnis zur Quelle, des Vaters, der bedingungslosen Liebe auf der Erde, denn er lässt die Sonne scheinen auf böse wie auf gute Menschen. Er lässt es regnen auf alle, ob sie ihn ehren oder verachten. Wie könnt ihr von Gott eine Belohnung erwarten, wenn ihr nur die liebt, die euch lieben? Sogar Betrüger lieben ihresgleichen. Was ist denn schon Besonderes daran, wenn ihr nur zu euren Brüdern freundlich seid? Das tun auch die, die Gott nicht kennen. Nein, ihr sollt vollkommen sein, weil euer Vater im Himmel vollkommen ist.

Unvergänglicher Reichtum

Jesus: Sammelt keine Reichtümer hier auf Erden, denn ihr müsst damit rechnen, dass Motten und Rost sie auffressen, oder Einbrecher sie stehlen. Sammelt lieber Reichtümer bei der Quelle, Gott Vater. Dort werden sie nicht von Motten zerfressen und können auch nicht von Einbrechern gestohlen werden. Denn euer Herz wird immer dort sein, wo ihr euren Reichtum habt.

Licht und Dunkelheit

Jesus: Das Auge vermittelt dem Menschen das Licht. Ist das Auge klar, steht der ganze Körper im Licht, ist das Auge getrübt, steht der ganze Mensch im Dunkeln. Wenn aber dein inneres Auge, dein Herz, blind ist, wie schrecklich wird dann die Dunkelheit sein!

Über die täglichen Sorgen

Jesus: Niemand kann zwei Herren zugleich dienen. Er wird den einen vernachlässigen und den anderen bevorzugen. Er wird dem einen treu sein und den anderen hintergehen. Ihr könnt nicht beiden zugleich dienen: Gott und dem Geld.
Darum sage ich euch: Macht euch keine Sorgen um Essen und Trinken und eure Kleidung. Das Leben ist mehr als Essen und Trinken und der Körper ist mehr als die Kleidung. Sehr euch die Vögel an! Sie säen nicht, sie ernten nicht, sie sammeln keine Vorräte, aber euer Vater im Himmel, die unendliche Quelle allen Seins, sorgt für sie. Wer von euch kann durch Sorgen sein Leben auch nur um einen Tag verlängern? Und warum macht ihr euch Sorgen um das, was ihr anziehen sollt? Seht, wie die Blumen auf den Feldern wachsen! Sie arbeiten nicht und machen sich keine Kleider, doch sage ich euch: Nicht einmal Salomo bei all seinem Reichtum war so prächtig gekleidet wie irgendeine von ihnen. Wenn Gott sogar die Feldblumen so ausstattet, die heute blühen und morgen verbrannt werden, wird er sich dann nicht erst recht um euch kümmern? Habt doch mehr Vertrauen!

Macht euch also keine Sorgen! Fragt nicht: was sollen wir essen, was sollen wir trinken, was sollen wir anziehen? Damit plagen sich die Menschen, die Gott nicht kennen.

Euer aller Vater, die Quelle weiß, dass ihr all das braucht. Sorgt euch zuerst darum, dass ihr ihn erkennt mit all seiner Herrlichkeit und nach seinen kosmischen Gesetzen lebt, dann wird er euch schon mit allem anderen versorgen. Quält euch nicht mit den Gedanken von morgen, der morgige Tag wird für sich selbst sorgen. Ihr habt genug zu tragen an der Last von heute.

Urteilt nicht über andere, sondern bittet, sucht und klopft an!

Jesus: Verurteilt nicht andere, damit Gott nicht durch euch selbst verurteilt, denn euer Urteil wird nach den kosmischen Gesetzen des Karmas und der Resonanz mit dem selben Maß bemessen werden, das ihr bei anderen anlegt. Warum kümmerst du dich um den Splitter im Auge deines Bruders und bemerkst nicht den Balken in deinem eigenen. Wie kannst du zu deinen eigenen Sternengeschwistern sagen: Komm her, ich will euch den Splitter aus dem Auge ziehen, wenn du selbst einen ganzen Balken im Auge hast? Du wirst nicht ehrlich sein, darum ziehe erst den Balken aus deinem Auge, dann kannst du dich um den Splitter im Auge deines Bruders kümmern.

(Transformiere lieber erst einmal für dich selbst, beginne bei dir, bevor du anderen helfen möchtest zu transformieren. Wenn du deinen eigenen Prozess verstanden hast, kannst du bessere Hilfe sein und durch deine eigenen Erfahrungen mehr weitergeben.)

Jesus: Bittet oder meditiert, fokussiert eure reine Absicht und ihr werdet bekommen! Klopft auf diese Art und Weise bei der geistigen Lichtwelt an und man wird euch öffnen. Die geistige Lichtwelt kann und darf nur dann eingreifen, wenn ihr bittet, denn eure Lernphase darf nicht unterbrochen werden, weil ihr im Gesetz der freien Wahl lebt.

Wer bittet, der bekommt, wer sucht, der findet und wer anklopft, dem werden auch Aufstiegstore geöffnet. Wer von euch würde seinem Kind einen Stein geben, wenn es um Brot bittet, oder eine Schlange, wenn es um Fisch bittet? So schlecht auch manche Menschen scheinen mögen, wisst ihr doch, was euren Kindern gut tut und gebt es ihnen. Wie viel mehr wird euer Vater, die unendliche Quelle allen Seins, denen Gutes geben, die darum bitten?

Die „goldene Regel" und die beiden Wege

Jesus: Behandelt die Menschen so, wie ihr Selbst von ihnen behandelt werden wollt! Das ist alles, was das kosmische Gesetz, die geistige Lichtwelt mit allen aufgestiegenen Meistern euch schon immer vermittelt hat.

Geht durch das enge Tor! Denn das Tor, das ins Verderbnis führt, ist breit und die Straße dorthin ist es auch. Viele sind auf ihr unterwegs. Aber das Tor, das zum Leben führt, ist eng und der Weg dorthin schmal. Nur wenige finden ihn.

Das Leben Jesus

Nach meiner Wahrheit wurde Christus aus dem großen Maitreyabewusstsein dem Christusbewusstsein und der höchsten Weisheit der Quelle erzeugt und inkarnierte in den Leib seiner Mutter, Maria. Dies war in dieser Hinsicht wirklich eine „unbefleckte" Empfängnis, da sich diese Bewusstseine materialisierten. Maria konnte vor Jesus keine Kinder gebären, da ihr Körper sich auf die hohe Bewusstseinsschwingung einstellen musste. Nach Jesus Geburt bekam Maria noch viele Kinder, die Geschwister Jesus, gezeugt von Joseph, ihrem Mann.
Die Lernaufgabe in seiner Inkarnation als Jesus war die physische Verschmelzung des elementaren Mensch Jesus mit dem Maitreyabewusstsein und dem Christusbewusstsein innerhalb einer Inkarnation. Seine Aufgabe war, ist und wird zu aller Zeit sein, uns zu lehren, seinem Weg zu folgen, um dasselbe zu erreichen.

Die Bibel lässt in den „Berichten" über Jesus die Lebensspanne bis etwa zu seinem 30. Lebensjahr aus. Warum? Joseph von Arimathäa (eine Inkarnation des Saint Germain) war ein Familienmitglied. In vielen Visionen wurde er auf ein Kind hingewiesen, das kommen würde und das er ausbilden sollte. Joseph von Arimatäa lebte sehr bescheiden und zurückgezogen, weshalb keine Aufzeichnungen über ihn erfolgten. Er besaß das hohe Wissen der Essener und war Mitglied der Bruderschaft des Lichtes und der Liebe, die seit der spätatlantischen Epochen im Verborgenen agierte. Im jungen Kindesalter Jesus begab sich Joseph von Arimatäa mit ihm auf große Reisen. Jesus erhielt Weihungen und höchste Lehren von Ost bis West. So wurde er auch in der großen Pyramide von Ägypten eingeweiht. Die Lehren waren stets Transformation, energetische Heilung, Reinkarnatonslehre und hohe Lichtarbeit. Joseph von Arimatäa kannte alle Verbindungen der Bruderschaften der Geheimlehren und deren Landessprachen. So erhielt der junge Jesus die höchsten Geheimlehren der Welt.
Aus diesem Grund haben es die kirchlichen Vereinigungen höchstwahrscheinlich vorgezogen, diesen Teil seines Lebens zu streichen, denn sie hätten sonst ihr Machtpotenzial verloren.

Er lernte in dieser Zeit den vollkommenen Aufstiegsprozess und die Integration der hohen Seelenbewusstseine. In seiner Inkarnation wurde er hellhörig, hellsichtig und lernte die komplette Anbindung an die hohen Bewusstseine der Quelle. Aus diesem Grund nannte er sich SOHN GOTTES, da er erkannte, dass wir ALL-IN-EINS sind. Er lehrte und lehrt uns, dass wir alle diesen Weg gehen können innerhalb einer Inkarnation. Als der Zeitpunkt gekommen war, verabschiedete sich Joseph von Arimatäa von dem jungen Jesus. Er zog sich zurück und wartete auf seine neue Aufgabe, die er bereits wusste.

Nun begann der eigene Lern- und Lehrweg von Jesus. Er reiste durch die Länder und begann seine Lehren zu verbreiten. In dieser Zeit sammelte er viele Menschen in seiner Nähe, die er lehrte und auf ihre Aufgaben als spätere Apostel vorbereitete. Jesus lernte die junge Maria Magdalena kennen und lieben. Im Laufe der Zeit heiratete er Maria Magdalena. Aus dieser Ehe gingen zwei Kinder hervor, sein Sohn Galahad und seine Tochter Eleanore. Beide Kinder wurden kurz vor seinem Tode und Aufstieg von Joseph von Arimatäa vor den Einflüssen derjenigen Menschen geschützt und versteckt, die das Wissen um das Licht und des heiligen Grals der alten Welt mit aller Macht verhindern wollten. Aus diesem Grund bestehen auch keine Aufzeichnungen der Kinder Jesus.

Jesus sah sein Leben offen vor seinem geistigen Auge. Er wusste, dass er sein Ziel nur durch den physischen Tod erreichen konnte. Dieser Tod bedeutete die Übernahme aller Schwingungen der Schuld in den Menschen, ausgelöst aus der Schwingung des Untergangs von Atlantis. Nur so konnte sich das Christusbewusstsein auf der Erde manifestieren und die Einleitungen des Maitreyabewusstseins für die kommenden 2000 Jahre vorbereitet werden. Dies konnte nur durch seinen Aufstieg erfolgen.

Jesus integrierte noch am Kreuz sein Christusbewusstsein. Am Kreuz rief er: *Vater, Vater, warum hast du mich verlassen?* Dies war der Moment, in dem sich seine Erkenntnisse und sein Wissen auf der Seelenebene mit dem Maitreya- und dem Christusbewusstsein verschmolzen haben. In diesem Moment hatte er keine Anbindung, weshalb er für kurze Zeit seine Verzweiflung äußerte. Kurz darauf sagte er: *Vergib ihnen Vater, denn sie wissen nicht, was sie tun!* In diesem Moment erkannte er die Verbundenheit wieder. Dieser Ausspruch entspricht höchster Weisheit des Christusbewusstseins.

Joseph von Arimatäa kümmerte sich um Galahad, den Sohn Jesus. Sie reisten mit Maria Magdalena und Jakobus, dem Bruder Jesus, durch viele Länder. Gejagt und verfolgt von all jenen, die das Christusbewusstsein verhindern wollten. Jesus Tochter, Eleanore, Galabad und Maria Magdalena wurden in Sicherheit gebracht.
Christus überseelt nun unsere Herzen, unser ganzes Sein als Menschen. Zu jeder Zeit sind wir Teil des Christusbewusstseins, denn es ist das Sohn-Universum, in dem wir leben. Mit jedem Atemzug ist er bei uns. Jeder, der seine wahren Lehren erkennt, anerkennt und lebt, wird zu seiner Ausdrucksform. Christus kann nur dann durch uns wirken. Christus kehrt wieder zurück - durch uns. Es ist das Ziel, seinem Weg zu folgen und ein Christusmensch (Adam Kadmon) zu werden.

Ein weiterer Teilaspekt von ihm ist nun auf höheren Ebenen: **Sananda** der kosmische Christus (das große liebende Herz). Jesus stieg noch in seiner Inkarnation auf. Zu jeder Zeit konnte und kann er sich materialisieren. Dies geschah zum Beispiel während seiner „Auferstehung". Er ist nicht von den Toten auferstanden, sondern vielmehr durch seine Bemeisterung in einer Inkarnation in der Lage, den Tod als Illusion zu überwinden. Sehr oft materialisierte er sich auf die Erde, um seinen Kindern, seiner Mutter Maria und auch seiner Frau Maria Magdalena und anderen während ihrer Inkarnation(en) zu helfen. Das Christusbewusstsein beseelt unser Universum und steckt somit in uns allen. Er ist in unserem Herzzentrum, in unserem ICH BIN.

Schwingung, planetarische Schwingung und Magnetgitter

Was ist das und wie funktioniert es?

Zunächst ist es eine Tatsache, dass alles in Schwingung ist. Alle Atome schwingen, Töne schwingen und alles besteht aus Licht.

Ohne Schwingung könnten wir z. B. keine Musik erzeugen. Doch die Quelle erzeugt Musik. Diese stellt die Sphärenharmonie dar. Um dies anschaulich erklären zu können, ist es sinnvoll, anhand eines Beispiels die Lehren eines Mannes an dieser Stelle weiterzugeben.

**Schwingung, Pythagoras, Sphärenharmonie
Wie passt das alles zusammen?**

Pythagoras (um 570 bis circa 500 v. Chr.) wurde in Samos geboren. Die Philosophie des Pythagoras existiert allein in den Nachschriften seiner Schüler, die ihn als absoluten Weisen verehrten. Vermutlich gehen auch viele ihrer Gedanken auf ihn zurück. Der nach ihm benannte Satz des Pythagoras oder pythagoreischer Lehrsatz, der ihm von Proklos zugeschrieben wurde, stammt hingegen aus älterer Zeit. Das Monocord ist ein von Pythagoras erfundenes Musikinstrument, das aus einer einzigen Saite besteht. Mithilfe dieses Instrumentes entwickelte Pythagoras seine musikalischen Theorien der Sphärenharmonie.

In der Astronomie waren die Pythagoreer (Verbund von Phytagoras Schülern) die Ersten, die die Erde als Kugel betrachteten und die harmonische Ordnung der Himmelskörper mithilfe ihrer Zahlenlehre zu erklären versuchten. Überdies meinten sie, die Planeten und Sterne seien durch Intervalle voneinander getrennt, die den harmonischen Klängen von Saiten entsprächen. Die Bewegung der Planeten erzeuge dann die so genannte Sphärenmusik. Pythagoras übertrug die Gesetze der Toneinteilung auf die Bewegungen der Himmelskörper, die durch ihre Bewegung eine Art Planetenmusik erzeugen. Die Planeten bewegen sich in Abständen um das Zentrum des Alls, die denen der Tonleiter ähnlich sind.

Diese, wie viele Theorien, gingen im Mittelalter in Vergessenheit. Neu wurden sie erst von Kepler (1571-1630) entdeckt. In seinem Hauptwerk "Harmonices mundi libri V" (fünf Bücher über die Harmonien der Welt) beschreibt er unter anderem, dass die Verhältnisse der Planetenbahnen denen der Obertonreihe (Obertöne) entsprechen. Es sind die höheren Töne, die mitschwingen, wenn Musik gemacht oder gesungen wird. Damit Musik überhaupt entsteht, sind Obertöne notwendig, sonst würde man nur ein Pfeifen oder Quietschen hören. Die Obertonreihe ist eine arithmetische Reihe, die durch die unendlich wiederholbare Addition der Eins gebildet wird. Da die Obertonreihe nie aufhört, ist sie gleich mit der Unendlichkeit. In der Obertonreihe werden aber verschiedene Stufen oder Barrieren unterschieden, die durch die Primzahlen gebildet werden. Die erste Barriere ist die Sieben.

*Im **Mikrokosmos** hat der Mensch sieben Chakren.*

Eine weitere Barriere ist die Elf. Da die ersten zehn Grundzahlen den zehn Planeten entsprechen, beginnt mit diesem Ton der außerplanetarische Raum. Die zehn Planeten stellen den **Makrokosmos** dar. Die Obertonmusik erlebte in der östlichen Weisheitenlehre einen hohen Stellenrang, da man besonders in Indien-Tibet die Obertonmusik als Bestandteil der allgemeinen und vor allem der religiösen Musikkultur sieht. In dieser Form der Musik steckt eine gewaltige Kraft, die Urkraft des Universums. Nicht ohne Grund wurden im indisch tibetanischen Gebiet aus dem Monocord des Pythagoras nach und nach die Klangliegen erbaut und genutzt.

Mikrokosmos, Makrokosmos, Schwingungen, Sphärenmusik und Sphärenharmonie, seht ihr die Zusammenhänge? Die Quelle erschafft mit einer wunderbaren, für uns (noch) unverstellbaren Harmonie alle Dinge. Jede Schwingung erzeugt einen Ton, eine Musik. Wir können uns nicht annähernd vorstellen, wie schön die Harmonien der Sphärenmusik auf den hohen Ebenen des Lichtes sein mögen, aber wir kennen diese Musik, tiefst im Innersten.

Dies habe ich selbst erlebt, da ich Klangliegen gebaut habe. Eine Klangliege ist ein großer Resonanzkörper, auf dem eine Person bequem liegen kann. Auf der Unterseite sind Saiten gespannt, die alle auf einen Ton der Tonleiter gestimmt sind. Dies erzeugt eine Obertonmusik, deren Klangteppich sich etwa 1 Meter über dem Resonanzkörper bildet. Jedes Chakra hat einen eigenen Ton. Die Töne ergeben einen Ansatz der Schönheit der Sphärenmusik und Harmonie. Alle Bereiche im Körper werden in Harmonie versetzt. Ähnliches erfährt man auch bei einer Klangschalenmassage.

Diese Art von Tönen hat nach meiner Erfahrung bisher *jeden* Menschen sofort beruhigt. So werde ich nie die Bilder vergessen, die ich auf einer Messe mit dieser Klangliege erfahren durfte. Kleine Babys strahlten und waren glücklich. Sie weinten, wenn man sie wieder von der Klangliege nahm. Doch ein besonderes Erlebnis war ein behindertes Kind. Die Kleine war blind und taub und neigte normalerweise dazu, bei Erschütterungen zu krampfen. Auch sie strahlte und freute sich und war ganz entspannt.

Daraus lernen wir, dass wir alle diese Form der Schwingung und Musik kennen, denn sie ist die Musik der Quelle. So wie alle Atome schwingen und Musik erzeugen, so erzeugen auch alle Planeten eigene Schwingungen und Töne. Diese sind in Harmonie mit Allem-Was-Ist, der Quelle unserer Schöpfung, Gott Vater/Mutter.

Auch unsere Erde schwingt. Sie hat ihren eigenen Grundton. Diese Schwingungen und Töne werden stetig erhöht. Nun erfährt unsere Erde eine Schwingungserhöhung, die einen Aufstieg zur Folge haben wird. Die Erde steigt mitsamt all ihren Bewohnern in die höheren Sphärenharmonien auf. Dies ergibt eine vollkommen Umgestaltung und eine Erhöhung der Harmonie und Schönheit der Schöpfung für unseren Planeten.

Die Erde braucht dazu Hilfe. Alle Bewohner müssen nun in Einheit mit den höheren Schwingungen sein, das heißt, sich nun entweder anpassen oder diesen Planeten wieder verlassen. Dies war schon immer der Fall und ist der Kreislauf der Schöpfung, der Kreislauf der Lernerfahrung der Quelle. Diesmal haben wir nun eine Besonderheit: Wir sind alle eingeladen, nun nicht mehr sterben zu müssen, sondern mitsamt unserem physischen Körper, allen anderen feinstofflichen Körpern und dem gesamt gesammelten physischen und Seelenbewusstsein auf der höher schwingenden Erde zu bleiben. Dies erfordert nun für uns alle die Aktivierung des Christusbewusstseins ICH BIN und ICH BIN, die/der ICH BIN. Weitere Werkzeuge sind wichtig: die Transformation, Aus- und Angleichung der Schwingungsfrequenzen sowie die Transmutation. Mehr dazu im späteren Kapitel.

Bleiben wir zunächst bei der Schwingung der Erde. Jeder Planet hat ein planetarisches Gitter. Unser Gitter dient dazu, den Schleier des Vergessens und den optischen Schleier zu der höher schwingenden Lichtwelt aufrecht zu erhalten. Gleichzeitig dient es dazu, die Sphärenharmonie, das Licht und nun auch die neuen kristallinen Formen des Lichtes (mehr dazu später) an unsere Erdschwingung anzugleichen. Dieses Licht nehmen wir durch unsere Chakren auf. Es dient, wie im vorherigen Kapitel beschrieben, der Aufrechterhaltung der Spezies als Nahrung und ständiger Schwingungserhöhung. Es ist sozusagen unser kosmischer Verstärker und Verteiler. Wir nehmen das Licht auf und verteilen es. Je mehr Licht wir durch unsere Chakren aufnehmen und weitergeben, desto mehr gehen wir und die Erde in die göttliche Harmonie. Wir, die Menschen und auch die Mineralien, sind für die Erde die kosmischen Sender und Empfänger von Licht. Licht ernährt, heilt und sortiert die Unordnung zur Ordnung.

Jede Veränderung des planetarischen Gitters hat die physische Veränderung der Erde zur Folge. Erbaut wurde es von einer hohen Lichtwesenheitsgruppe mit dem Schwingungsnamen „Kryon" unter der Leitung von Erzengel Michael. Die letzte Veränderung von Kryon führte zur Zerstörung von Atlantis. Durch die Veränderung davor wurde eine Zerstörung und Eiszeit ausgelöst, die das Ende der Dinosaurier zur Folge hatte.

Versteht bitte dies: Die Quelle zerstört nicht. Sie entwickelt sich mitsamt aller Teilbewusstseine immer weiter. Durch Umstrukturierungen werden immer vollkommenere Harmonien der Schöpfung und bedingungsloser Liebe erschaffen, nach denen wir als Teil der Quelle auch alle streben.

Das besondere in dieser neuen Zeit, das die Astrologen auch das „Wassermannzeitalter" nennen, ist, dass wir diesmal nicht mit einer Zerstörung und Umstrukturierung der Erde rechnen müssen. In dieser neuen Zeit haben wir die Möglichkeit, uns als Individuum und Kollektiv zu *bemeistern*. Wir haben jetzt auch die Ermächtigung zur Transformation für uns und somit für unsere Erde.

Unsere Chakren empfangen und senden Licht. Nach der Zerstörung von Atlantis haben wir beschlossen, die Chakren zu verschließen um dadurch die Schwingung des durchfließenden Lichtes zu reduzieren. Dies führt bei der Inkarnation zu einer großen Abnabelung von der Quelle und unserem eigentlichen Zuhause, der geistigen Lichtwelt. Wir wollten die dichte Materie erspüren und erfahren und in unseren Karmaerfahrungen den Durchbruch zur Quelle wieder erreichen. Viele Menschen haben dies in der Geschichte erreicht. Sie wurden „erleuchtet" und sind nun als aufgestiegene Meister in der geistigen Lichtwelt, um zu lehren.

Unsere sieben Grundchakren wurden durch Kristalle verschlossen. So können wir z. B. nicht durch unser drittes Auge (das Stirnchakra) alle kosmischen Zusammenhänge jenseits des Schleiers sehen. Einige Menschen hatten einen größeren Lichtdurchfluss in diesem Chakra und wurden zu allen Zeiten der Geschichte „Seher" genannt. Nun ist es aber für uns an der Zeit, die Chakren wieder zu öffnen und den Lichtfluss zu verstärken.

Glauben und Vertrauen - es ist so eine Sache

Da wir uns als Teilbewusstsein der Quelle entschlossen haben, die Lernaufgaben der Erde zu erfahren, befinden wir uns in dieser Daseinsform jenseits des Schleiers der Lichtwelt. Nach dem Untergang von Atlantis haben alle inkarnierten Seelen, mit Ausnahme der hohen Teilbewusstseine wie z. B. Moses, Buddha und Meister Jesus, zugestimmt, die Chakren mit Kristallen zu verschließen um den Weg zu der Quelle und der geistigen Lichtwelt (unserem Zuhause) wieder in dieser Daseinsform zu finden.

Unsere Aufgabe als Gruppenbewusstsein lautet: **Sieg des Geistes über die Materie.**

Das heißt, alle Illusionen der Grobstofflichkeit zu verstehen und in die Feinstofflichkeit überzugehen. Bei diesem Prozess werden wir uns in dieser Daseinsform der ständigen Verbindung mit der Lichtwelt, unserem Zuhause bewusst.

Über den gesamten Verlauf nach Atlantis haben wir den Weg wieder zur Quelle gesucht und dabei unsere Karmaerfahrungen erlebt. Da wir getrennt wurden, bekamen wir stets Hilfe aus der Lichtwelt. Es fiel uns zu allen Zeiten schwer, diese Botschaften zu verstehen und mit unserem EGO/Verstand zu verbinden, zu integrieren. So zeigten z. B. die 10 Gebote, die Moses auf einem Berg von der geistigen Lichtwelt erhielt, wenig Wirkung in Bezug auf die gesamte Menschheit. Diese Suche und das Lernprogramm von Karma: „Ursache und Wirkung" erstreckte sich in allen Zeiten der dritten Dimension. Macht, Reichtum und Besitzanspruch waren an der Tagesordnung weit über das römische Reich hinaus, im Mittelalter durch die Zerstörung und Plünderung der alten Reiche der Mayas und Azteken bis zu den „Kreuzritterzügen". Es ging zu allen Zeiten um diese niederen Themen. Der 1. und 2. Weltkrieg stellten das komplette Szenario des Karmaspiels dar. Nach dieser schrecklichen Zeit wurde vielen Menschen bewusst, dass wir so nicht weitermachen können. Es war und ist eine Zeit des Umbruchs. Viele Stimmen wurden speziell seit den 60er Jahren laut: der Ruf nach Frieden! Make peace! Not war! Viele Bewusstseine haben das Karmaspiel verstanden und begannen weltweit zu meditieren und zu bitten. Dies führte zu einer schrittweisen Schwingungserhöhung der Erde und zur „harmonischen Konvergenz".

Die harmonische Konvergenz

fand am 16. und 17. August 1987 statt. Zu dieser Zeit wurde eine Art kosmische „Messung" vorgenommen. Der Planet mitsamt seinen Bewohnern hatte eine bestimmte Schwingungsfrequenz erreicht, sodass nun eine schrittweise Erhöhung der Frequenzen des Planeten und auch in unseren Körpern stattfinden konnte. Es bedeutete - die Einleitung des 1000-jährigen Reiches des Christusbewusstseins - auch das *goldene Zeitalter* genannt.

Voraussetzung waren große kosmische Zyklen, die wir alle durchschritten hatten.

Durch einen großen Photonenring in der Nähe der Plejaden erfahren wir nun große Energien, die wir als Geschenke betrachten können. Es sind kristalline Energien, die komplette Informationen für unsere physische und spirituelle Entwicklung enthalten. Diese stehen nun zur Verfügung und können von uns genutzt werden. In den nachfolgenden Channelings wurde übermittelt, dass wir mit diesen Energien aus höheren Ebenen auch Vieles Kraft unserer Gedanken „erschaffen" können. So wird uns diese Energie auch für den Bau sowie für die Energiegewinnung und Antrieb zur Verfügung stehen. Aber so weit sind wir noch nicht, aus diesem Grund beschäftigen wir uns erst einmal mit den Auswirkungen auf unser tägliches Leben:

Mit der harmonischen Konvergenz wurde auch ein neues Magnetgitter der Erde erstellt. Dieses stellt einen weiteren „Besuch" der Lichtwesenheit Kryon unter der Führung der Erzengelgruppe von Michael dar. In alten Überlieferungen wurde übermittelt, dass zu diesem Zeitpunkt die Erde zerstört werden würde. Das Armageddon (der Weltuntergang) blieb aus. Es wird auch ausbleiben, da wir schon mehr als genug gelernt haben. Wir leben, wie ihr in den nachfolgenden Channelings lesen werdet, in einer Symbiose mit der Erde. Das heißt, alle unsere Gedankenkräfte unseres menschlichen Kollektives wirken sich auf die Erde aus. Denken wir nun an Krieg, Erdbeben und Überflutung, so wird sich dies manifestieren. Alles was wir der Erde antun, tun wir uns auch selbst an. Mit dem Ereignis „harmonische Konvergenz" gingen auch viele, für uns unsichtbare Lichthelfer. Sie waren für die Frequenzregulierung und Aufrechterhaltung unserer Mineralien-, Pflanzen-, Tier- und Menschenreiche zuständig. Ob wir es glauben oder nicht - viele sind gegangen. Sie übergeben uns nun die Verantwortung.

Aus diesem Grund ist es sehr wichtig zu verstehen, dass durch das neue Magnetgitter viele Veränderungen auf uns zukommen und dass wir im Übergang in die vierte Dimension sind. Kryon hatte während des Zeitraumes vom 01.01.1989 bis 31.12.2002 eine Anpassung und die Fertigstellung an das neue Magnetgitter vorgenommen.

Harmonische Konvergenz

> → Übergang von 3. in die 4. Dimension
> → Übergang von alter in die neue Energie
> → Ermächtigung der Beendung von:
> → Karma, Tod, Krankheit und Getrenntheit
>   von der Quelle
> → Ermächtigung zum „Aufstieg"

Dritte und vierte Dimension - alte und neue Energie

Zunächst ist es von größter Wichtigkeit, das Gesetz des Karmas von Ursache und Wirkung zu erkennen und „abzuarbeiten". Wir befinden uns nun in einem Übergang von *alter* und *neuer* Energie. Um dies zu verdeutlichen, hier eine Gegenüberstellung:

alte Energie → dritte Dimension

In der *alten* Energie mussten wir immer wieder erneut inkarnieren, um unsere Lernprogramme zu bemeistern (endgültig zu verstehen).

Unsere Gedanken, Wünsche, Gebete und Bitten manifestierten sich nur sehr langsam. Viele Menschen wurden auf eine große Vertrauens- und Geduldprobe gestellt, bis sich ein Wunsch oder eine Bitte erfüllte.

Wir wurden von der „Obrigkeit" (Kirche, Amtsleuten, Adel etc.) zum Teil gezwungen, ihre Glaubensmuster anzunehmen, eigene Meinungen jenseits der „Gesellschaftsnorm" waren verpönt oder verboten. Wir wurden für unsere Ansichten in zahlreichen Inkarnationen gefoltert, gequält, vergewaltigt oder sogar getötet. Kurzum: Wir mussten gebückt gehen, sonst erhielten wir eine Art von Bestrafung.

Vieles wurde uns auch vorserviert, so hatten wir Zeit für unser „Karmaspiel". Die Regulierung der Elemente und der Natur übernahmen „Lichthelfer".

Wir führten während unseres „Karmaspiels" Kriege und rächten uns, indem wir das Karma ausglichen. Nach dem Motto: Wenn nicht in diesem Leben, dann sehen wir uns eben im nächsten. Aug um Aug – Zahn um Zahn.

Wir machten uns in der dritten Dimension global gesehen keine Gedanken um unsere spirituelle Entwicklung und Aufstiegsmöglichkeiten, da wir mit unseren Gedanken und Lernaufgaben beschäftigt waren.

neue Energie → vierte Dimension

In der neuen Energie des Magnetgitters müssen wir nun nicht mehr dauernd inkarnieren. Wir haben die Ermächtigung aus dem Prozess von Karma „auszusteigen". Aus diesem Grund kennen wir seit etwa 60 Jahren wieder die transformatorischen Strahlen des Oberpriesters in Atlantis. Es ist der große *Meister Saint Germain*, der uns jederzeit seine *violette Flamme* der Transformation zur Verfügung stellt. Wir haben die → **Ermächtigung zur Transformation**. Transformation bedeutet, dass wir alles alte Erlebte aus unseren Körpern „ausreinigen" können. Alle Erlebnisse aus Inkarnationen sind nicht nur in der Akasha-Chronik, sondern auch in unseren Ätherkörpern gespeichert.

Zum Teil wissen wir dies nicht bewusst. Wenn wir jetzt zum Beispiel in dieser Inkarnation ein Angstmuster erzeugt haben, z.B. panische Angst vor Wasser, so kann dies aus einer anderen Inkarnation ausgelöst worden sein, als wir ertrunken sind. Die Restinformationen sind in uns gespeichert. Nun kann man dieses

Angstmuster, das man ja kennt, mit der violetten Flamme transformieren. Unsere Körper bestehen normalerweise zu 100% aus Licht. Durch viele negative Erfahrungen in der größten Energiedichte der Quelle hat unser Körper weitaus weniger Licht.

Bitte Saint Germain sende deines

Die violette Flamme Saint Germains transformiert diese „dunklen Stellen" in unserer Energieaura und in unseren Körpern in das reine göttliche Licht.

Wir haben auch die → **Ermächtigung der Gnade**. Für größere „Karmaangelegenheiten" steht uns auch der silberne Strahl der Gnade von Erzengel Grace zur Verfügung. Dieser wird eingesetzt, wenn sich ein Karma ständig wiederholt oder auch bei schweren Erkrankungen. Wir können dann jederzeit um Löschung dieses Karmamusters bitten. Aus dem kosmischen Gesetz der Gnade geht hervor, dass wir jederzeit aus dem Karma- und Inkarnationszyklus aussteigen können, sobald wir unsere wahre Identität erkannt haben.

Im Rahmen des Gesetzes der Gnade haben wir auch die →**Ermächtigung, den Todesprozess zu stoppen**. Zu diesem Zweck bitten wir, dass in unserer Zirbeldrüse und in unserem Drüsensystem das Hormon des Lebens ausgeschüttet wird, um den Todesprozess zu stoppen. Auch müssen wir um die Deaktivierung des Todeshormons und um tägliche Verjüngung der Zellen bitten. Nach Aussage in einigen Channelings haben wir dann die Möglichkeit, rund 950 Jahre alt zu werden. In dieser Zeitspanne haben wir dann nach dem Jahr 2012 weitere 950 Jahre auf diesem Planeten Zeit, um die → **Ermächtigung des Aufstiegs** einzulösen.

Jetzt werden sich einige vielleicht sagen, was soll ich hier so lange. Vieles ist angekündigt worden und diese physische Welt wird sich drastisch verändern – verschönern. Unterschätzt niemals den liebevollen Einfluss der Quelle und der geistigen Lichtwelt – und – unterschätzt nicht eure eigenen Gedankenkräfte in der neuen Energie. Im Gegensatz zur alten Energie werden sich nun alle unsere Gedanken und Wünsche schneller realisieren. *Achtet daher unbedingt auf eure gesprochenen Worte, Gedanken und Gefühle!* Durch die Karmaabarbeitung werdet ihr sehr schnell merken, dass sich eure Worte nach dem → **Resonanzgesetz** ziemlich schnell realisieren.

Es ist in dieser neuen Dimension von größter Wichtigkeit zu erkennen, dass wir Schöpfer unserer eigenen Gedanken und Gefühle sind!

Wir sind Geist und *nicht* der Körper!

Auch ist es in dieser neuen Energie von großer Wichtigkeit zu erkennen, dass wir Lichtarbeiter sind. Wir sind aus diesem Grund inkarniert. Es ist die beste Zeit für unsere Lernaufgabe, auf diesem Planeten zu „sein". Wir haben die Möglichkeit, wie auch Christus, innerhalb einer Inkarnation aufzusteigen. Einzige Voraussetzung:

Wir müssen es jetzt wollen und die Absicht äußern.

Ihr seid inkarniert, um diese Erfahrung als Lichtarbeiter zu sammeln. Millionen von Lichtarbeitern sind hier auf diesem Planeten, um nun zum richtigen Zeitpunkt „aufzuwachen" und das Licht, das Wissen und die Heilung weiterzugeben. Es ist nun von größter Wichtigkeit zu erkennen, dass wir unser Karmaspiel beenden. Wir Menschen übernehmen nun die Verantwortung für diesen Planeten und für uns! Wir können zu jeder Zeit mit der vollen Unterstützung unserer geistigen Führung und Helfer aus der Lichtwelt rechnen. Einzige Voraussetzung: Wir müssen es wollen und die Absicht äußern. Die geistige Lichtwelt darf nach dem Gesetz der freien Wahl nur eingreifen, wenn wir sie darum bitten.

Das Resonanzgesetz

Dieses kosmische Gesetz tritt in der neuen Energie immer stärker in Kraft. Es kann wie ein Spiegel angesehen werden: Alles, was ich mir im Spiegel betrachte, wirkt auf mich. So ist es auch in unserer Umwelt: Habe ich das Gefühl nicht beliebt zu sein - werde ich auf Menschen stoßen, die mir dies spiegeln. Spreche ich beispielsweise schlecht über eine Person, so kann ich sicher sein, dass auch über mich gesprochen wird. Dieses Gesetz ist an Ursache und Wirkung angelehnt, stellt aber eine Art „Sofortkarma" dar. Es dient uns in dieser besonderen Zeit zur schnellen Erlernung und Bemeisterung unserer Gedanken und Emotionen. Ein Tipp: Betrachtet daher euer Leben als eine Art Spiegel! Prüft und kreiert eure eigene positive Zukunft!

Alles, was ich an meinen Mitmenschen kritisiere, habe ich auch in mir.

→ Überprüfe, was es ist, schaue in dich hinein und ändere es. Du wirst bald bald feststellen, wie sich dein Umfeld verändern wird, nachdem du selbst aufgelöst hast.

Wenn ich kritisiert werde und mich verletzt fühle, dann gibt es noch etwas in mir, was ich noch nicht erkannt habe und was nicht in Ordnung ist.

→ Überprüfe, was es ist, nimm es an, verzeihe dir dafür und verzeihe der Person, die dich angegriffen hat! Löse die Ursache in dir auf!

Wenn ich angegriffen werde und es verletzt mich nicht, dann bedeutet dies, dass jemand anderes ein Lernprogramm hat.

→ Erkenne, dass dies nichts mit dir zu tun hat! Verzeihe der Person und sende ihr Licht und Liebe, damit sie ihr Programm erkennen kann!

Alles, was ich an anderen liebe oder bewundere, zeigt mir, dass ich etwas in mir habe, das ich zurzeit noch nicht zulasse oder unterdrücke.

→ Überprüfe, was es ist und lasse es zu! Bitte um die Erkenntnis und Stärke, diese Ausdrucksform zu integrieren und auszuleben. Sage dir: ICH BIN stark! ICH BIN bereit nun ... zu sein!

Unsere stärksten Schöpfungsworte sind: **ICH BIN** und **ES WERDE**.

Benutze daher stets positive Worte! Oft neigen wir dazu zu sagen: ICH BIN müde, krank, alt. Ratet einmal, was ihr bald danach sein werdet? Diese Aussagen sind SCHÖPFUNGSWORTE (!!!) und ziehen uns energetisch herunter.

!!! Nur das zählt!!! immer

Benutzt lieber diese Schöpfungsworte: ICH BIN in Harmonie mit allem. ICH BIN gesund und heil in allen meinen Zellen. ICH BIN jung. ES WERDE Licht in allen diesen Angelegenheiten.

Emotionen

Unser Sein teilt sich in verschiedene Körper. Über den **Gedankenkörper (Mentalkörper)** haben wir bereits indirekt gesprochen. Diese jetzige Übergangszeit dient dazu, unsere Gedanken zu bemeistern. Im **Gefühlskörper (Emotionalkörper)** werden alle unsere Emotionen verarbeitet. Wir haben auch einen **Ätherkörper (spiritueller Körper)**, in dem alle Informationen aus vergangenen Inkarnationen gespeichert sind.

Unser **physischer Körper** ist der Spiegel in der physischen Welt. Alle Ausdrücke der anderen Körper werden dort für uns fühlbar, sichtbar. Wir haben noch weitere höhere Körper. In diesem Buch möchte ich mich bewusst nur auf die unteren, sogenannten vier „niederen" Körper beschränken, da wir mit ihnen zunächst genug Arbeit haben.

In dieser neuen Zeit gilt es, in seine Körper „hineinzuspüren" und sie alle zu heilen und anschließend zu integrieren. Sind die höheren und niederen Körper heil, wird auch der physische Körper heil.

Oftmals kommt es in dieser Übergangsphase bei vielen Menschen weltweit zu „Gefühlsausbrüchen", die man selbst gar nicht richtig einordnen kann. Aus diesem Grund ist es wichtig, in seinen Gefühlskörper hineinzuspüren. Lasse deine Emotionen zu! Es hat keinen Sinn, sie zu unterdrücken. Unterdrückte und „aufgestaute" Emotionen verhalten sich wie ein Dampfkessel, der irgendwann unter Hochdruck steht - er explodiert. Emotionen werden durch den Solarplexus gesteuert. Schaue dir deshalb bewusst deine Emotionen an! Sei ehrlich mit dir! Überprüfe nach dem Resonanzgesetz, ob du etwas daraus lernen sollst, sei es Trauer - *(Angst vor dem Loslassen)* oder Hass *(Gefühl zurückgestoßen und abgelehnt zu sein)* oder Neid *(ich möchte auch gern so sein)*.

Du siehst, hinter jeder Emotion steckt ein Verhaltensmuster. Spüre in dich hinein, überprüfe ob du etwas daraus lernen kannst oder sollst! Akzeptiere dann deine Gefühle. Verzeihe dir zunächst und dann anderen, wenn diese Gefühle in dir hochkommen! Überprüfe ggf. auch, ob die Emotionen von anderen gesandt wurden. Egal wie, nimm sie an und wandle sie in positive Gefühle um! Arbeite auch mit dem Solarplexus und löse diese Form von Gefühlsblockaden in diesem Chakra auf (siehe Anhang).

Auflösung von Blockaden = Transformation.

Die Transformation
Auflösen von Blockaden

Das Prinzip:
>**ERKENNEN**
>>**ANNEHMEN**
>>>**LOSLASSEN**
>>>>**AUFLÖSEN**
>>>>>**VERGEBEN**
>>>>>>**VERZEIHEN**
>>>>>>>**NEU WÄHLEN**

ERKENNEN

Ich erkenne ein bestimmtes Thema über eine **Channel-Durchsage, eigene Erkenntnisse, Erlebnisse und Verletzungen aus vergangenen Inkarnationen und diesem heutigen Leben.** Ich erkenne ein Thema oder Gefühle, die mir nicht gut tun.

ANNEHMEN

Ich nehme dies alles an. Das bedeutet, ich gehe nicht dagegen an, ich hadere nicht mit meinem Schicksal oder mit anderen Menschen. Ich be- und verurteile nicht.

Erkennen und Annehmen sind ganz wichtige Punkte - ein positiver Schritt - ein Anfang.

Ich kann nur etwas loslassen, was ich auch für mich angenommen habe.

LOSLASSEN - AUFLÖSEN

Ich visualisiere das mir gegebene Bild mittels einer Durchsage oder einer Begebenheit aus heutiger Inkarnation. Ich gehe intensiv in meine Gefühle, die zu diesem Thema in mir hochkommen.

Dann löse ich alle Blockaden - Ursache und Wirkung - die damit zu tun haben, intensiv aus meinem Bewusstsein, ich löse sie aus meinem tiefsten Unterbewusstsein, ich löse sie von meinem Herzen und ich löse alle Blockaden aus allen meinen Zellen.
Ich übergebe alles dem göttlichen weißen Licht. Ich bitte zusätzlich Grace, den silbernen Strahl der Gnade, dieses Muster zu löschen. JETZT!

Erst wenn man merkt, dass man sich innerlich frei fühlt, weiß man, dass man aufgelöst hat.

VERGEBEN - VERZEIHEN

Ich vergebe den Menschen, die mir dies und jenes angetan haben, ich vergebe ihnen aus meinem ganzen Herzen, aus meinem ganzen Sein. Ich bitte die Menschen um Vergebung, die ich auf irgendeine Weise heute oder in einer anderen Inkarnation verletzt habe. Ich vergebe mir für das, was ich diesen Menschen ausgesendet habe.

Verzeihen uns selbst gegenüber bedeutet, wir haben alle Schuldgefühle abgelegt und aufgelöst. Was wir uns selbst verzeihen, verzeiht uns automatisch Gott Vater.

NEU WÄHLEN – sich neu programmieren

Das heißt, ich habe die Möglichkeit zu sagen:
Ich wähle jetzt neu und ändere somit meine Einstellung und Denkweise. Ich mache mich frei für ein neues Denkmuster.

Ich formuliere laut oder mental:

Ich wähle jetzt neu!

Ich gebe mir selbst die Kraft, indem ich folgende Sätze spreche:

> **ICH BIN ein Kind Gottes und ICH BIN eins mit dem Licht.**
> **ES WERDE Licht in all meinen Angelegenheiten!**

Ich sende allen Wesen positive Gedanken und Gefühle.

Unsere kraftvollsten Schöpfungsworte sind:

ICH BIN ... positiv

Alles was ich mit „ICH BIN" verbinde, „bin ich".
Achte deshalb auf deine Worte!

ES WERDE Licht in ... allen meinen Angelegenheiten!

Hier die häufigsten Varianten von Blockaden:

Ins Heft

Gedanken und Gefühle von Hass, Neid, Zorn, Eifersucht sowie Schmerzen, Ängste etc.

Ich erkenne diese ... Gefühle und Gedanken und ich nehme sie jetzt an.

Lieber Gott, ich bitte dich um Auflösung dieser ... niederen Gedanken oder Gefühle oder Schmerzen, Ängste etc.
Ich bitte um Auflösung von Ursache und Wirkung, die dazu geführt haben.

Ich löse all dies jetzt aus meinem Bewusstsein, aus meinem tiefsten Unterbewusstsein, ich löse es von meinem Herzen, ich löse es jetzt aus all meinen Zellen.

Ich übergebe es der violetten Flamme von Saint Germain zur Transformation in das göttliche weiße Licht.

Ich bitte dich Grace, den silbernen Strahl der Gnade, lösche alle diese alten Muster.
JETZT!

Ich verzeihe allen Menschen, die diese Gefühle und Gedanken in mir hervorgerufen haben.

Ich vergebe mir für das, was ich Menschen Negatives ausgesandt habe.

Ich bitte alle Menschen um Verzeihung, denen ich mit Worten, Gedanken und negativen Gefühlen weh getan habe.

<u>Ich wähle jetzt neu:</u> (sich neu programmieren)

ICH BIN eins mit dem göttlichen weißen Licht. ICH BIN, die/der ICH BIN!
Es werde Licht in all meinen Angelegenheiten!

<u>Denke daran:</u>

Die größten Schöpfungsworte sind: ICH BIN ... und ES WERDE ...

Abhängigkeiten von Partnern, verschiedenen Menschen (auch Trauerfall)

... löse dich von meinem Herzen und gehe deinen Weg alleine, damit auch ich meinen Weg alleine gehen kann!

(Hier wird nicht die Liebe oder Partnerschaft aufgelöst, sondern die **Abhängigkeit** zu dem Menschen, der/was uns hindert, unseren Weg zu gehen.)

Wähle nach einer Auflösungen immer neu!

Zum Beispiel:

ICH BIN offen für ...
ICH BIN jetzt offen für eine wunderbare liebvolle Partnerschaft.
ICH BIN jetzt bereit für Liebe, Zärtlichkeit, Sexualität etc.
ES WERDE Licht in meiner Beziehung zu ...
ES WERDE Licht in meiner neuen Partnerschaft!
ES WERDE Licht zu meinem neuen Partner!

Vergewaltigung - sexueller Missbrauch

<u>Auflösung:</u>

Ich erkenne ...
Und ich nehme all dies jetzt an.

Lieber Gott, ich bitte dich um Auflösung der gesamten Ursache und Wirkung für mich.
Ich löse alle Blockaden aus meinem Bewusstsein,
ich löse sie aus meinem tiefsten Unterbewusstsein,

ich löse alle diese Probleme, die gesamte Ursache und Wirkung aus meinen Zellen. Ich übergebe alles der violetten Flamme von Saint-Germain zur Transformation in das göttliche weiße Licht. Ich bitte Grace, den silbernen Strahl der Gnade, bitte löse alle Muster in mir auf, die diese sexuellen Schwierigkeiten noch in mir hervorrufen. Jetzt!

Ich vergebe dem Menschen, der das getan hat und ich vergebe mir, für das, was ich ihm alles ausgesandt habe, ob in dieser oder einer vergangenen Inkarnation.

Ich wähle jetzt neu:

ICH BIN jetzt frei in meinem Sakralchakra und in meinem Wurzelchakra.
ICH BIN jetzt offen für Liebe, Zärtlichkeit, Sexualität etc.

Es werde Licht in meinem Sakralchakra, meinem Wurzelchakra und in meinem Solarplexus!

Lieber Gott, lieber Saint Germain, liebe Grace, ich danke für diese Transformation wieder in die göttliche Vollkommenheit.

ICH BIN frei in meinem Sakralchakra. ICH BIN offen für Liebe, Zärtlichkeit, Sexualität etc. Es werde Licht in all diesen Angelegenheiten!

Krankheiten

<u>Auflösung</u>:

Ich erkenne ... und ich nehme dies jetzt alles an.
Ich danke meinen physischen Köper, dass er mir dieses Bild gespiegelt und gezeigt hat. Dies habe ich nun in Liebe erkannt.
Lieber Gott, ich bitte dich über deinen Sohn, Jesus Christus, unseren Heiland, und Heilerzengel Raphael um Auflösung dieser kranken Energie. Ich bitte dich um Auflösung der gesamten Ursache und Wirkung für mich.

Ich löse es jetzt aus meinem Bewusstsein,
ich löse es aus meinem tiefsten Unterbewusstsein,
ich löse es jetzt aus diesem Organ.
(Visualisieren, wie die kranke Energie aus dem Körper geht)

Ich löse alles „Unpässliche" jetzt aus all meinen Zellen.
Ich löse Ursache und Wirkung auf, die zu dieser Krankheit geführt haben.
(Intensiv visualisieren)

Ich bitte die mächtige violette Flamme um Reinigung und Transformation in das göttliche weiße Licht. Ich bitte Grace, den silbernen Strahl der Gnade um Auflösung all dieser Muster. JETZT!

Ich übergebe jetzt alles dem göttlichen weißen Licht.

Ich bitte alle Menschen um Verzeihung, denen ich etwas angetan habe oder bei denen ich etwas bewertet habe, was mich mit dieser Krankheit verbindet.

Ich verzeihe mir, für das, was ich ausgesendet habe.

Ich wähle jetzt sofort neu:

> ICH BIN gesund, ICH BIN heil.
> ICH BIN Gesundheit in ... (diesem Organ, etc.),
> ICH BIN in der göttlichen Ordnung.

ES WERDE Licht, Liebe und Heilung in all meinen Körpern, Zellen, Chakren, Organen oder ...!

Lieber heiliger Gott Vater, lieber Jesus Christus, lieber Erzengel Raphael, lieber Saint Germain und liebe Grace, ich danke von ganzem Herzen für meine Heilung.

Transformation und Transmutation

Die Transformation

Wir haben nun gelernt, dass wir die Ermächtigung zur Transformation haben. Sie dient als Ausstieg aus dem „Lernprogramm" Karma. Um nicht immer wieder inkarnieren zu müssen, haben wir nun die Möglichkeit, zu transformieren.

Transformation und Transmutation bedeuten Umwandlung.

Was wird umgewandelt?

Um den Aufstieg in die vierte Dimension abschließen zu können und die 5. Dimensionsdichte der Erde einzuleiten, ist es von zentraler Wichtigkeit, dass wir unsere alten Verhaltens- und Glaubensmuster in uns umwandeln. Wir sind durch die zahlreichen Inkarnationen mit alten Glaubens- und Verhaltensmustern behaftet, die uns zum Teil gar nicht richtig bewusst sind. Gleichzeitig haben wir zu aller Zeit begonnen, die „Wahrheit" des menschlichen Massenkollektivs (Medien=Zeitung, Fernsehen, Berichterstattung) komplett anzunehmen. Es gilt nun, dies schrittweise abzubauen. Alles, was uns belastet, wird nun umgewandelt. Würdet ihr freiwillig einen Rucksack mit alten Kieselsteinen tragen, wenn ihr genau wüsstet, dass ihr sie gar nicht benötigt?

Doch genau dies geschieht.

Diese „Rucksäcke" mit altem Ballast sind meistens in unseren Körpern und im Unterbewusstsein gespeichert. Es gilt nun, alles zu transformieren, was in uns auf Widerstand stößt. Wir arbeiten und erschaffen nun Kraft unserer Gedanken und Muster unsere eigene Realität. Überall dort, wo wir Widerstand in uns spüren, haben wir etwas zu transformieren, was uns durch das Resonanzgesetz gespiegelt wird.

Nehmen wir diese Formen an, ohne sie zu transformieren, werden wir in unseren Körpern krank. Alle Krankheiten in unserem physischen Körper, sogar Missbildungen, lassen Rückschlüsse auf irrige Glaubens- und Verhaltensmuster zu.

Es genügt nicht, dies nur „verstandesmäßig" aufzunehmen. Wir haben vier Körper, die dies integrieren möchten. Jeder Gedanke (Mentalkörper), jedes Gefühl (Emotionalkörper), jede alte Erfahrung (Ätherkörper) und jede Form des Ausdrucks (physischer Körper = Sprache, Gestik) erzeugt ein energetisches Feld und ein Schwingungsmuster. Dieses Feld mit seinen Schwingungen stellt eine enorme Energie dar. Haben wir Gedanken, Emotionen und vergangene Erfahrungen in unsere physische Form integriert, so dient dies einer Lernerfahrung. Alles, was wir noch nicht in diesen vier Aspekten integriert haben, stellen Unterdrückungen des jeweiligen anderen Körpers dar. Beispiel: Der Verstand sagt dem Emotionalkörper: Du darfst nicht weinen! Dies führt unweigerlich zu einer Blockade. Der Emotionalkörper kann seine Erfahrungen nicht ausleben. Er wird sich wehren, denn das Energiemuster wird im Emotionalkörper gesenkt. Das Energiefeld wird immer langsamer und wird einen dunklen Kristall erzeugen, der sich in unserem physischen Körper manifestieren wird.

Diese Kristalle erzeugen wiederum eine Blockade in der Lichtaufnahme des Körpers. Da wir bereits gelernt haben, dass jede *hohe* Schwingung zu einer Harmonie, Melodie und Heilung beiträgt, führen diese dunklen Kristalle in unserer Aura und im physischen Körper zu Disharmonien. In der Regel reagiert der physische Körper darauf sofort mit einer Unpässlichkeit.

Nun gilt es für uns Menschen, diese „gesammelten" dunklen Kristalle in uns auszuvibrieren – zu transformieren. Dies führt zur Heilung und zur Transmutation.

Die Transmutation

Es gilt nach unseren alten Glaubensmustern für viele schon als eine Art „Unwort". Dennoch bedeutet es, dass wir auch unseren physischen Körper umwandeln. Mutieren ruft sofort Wörter wie „Genmanipulation", „Radioaktivität" und „Versuchskaninchen" in uns hervor. Legt das bitte alles ab!

Es geschieht in uns allen - ob bewusst oder unbewusst. Es ist sinnvoller dies liebevoll zu akzeptieren, denn es geschieht nur zu unserem Besten und für unsere Weiterentwicklung als Spezies. Das Licht, welches wir im Moment erhalten, wird in den nachfolgenden Durchsagen als kristalline Energie bezeichnet. In anderen Durchsagen wird es auch die „Mahatma Energie" genannt. Fest steht, es ist ein Photonenlicht, welches die gesamten Informationen der Quelle über alle unsere Bewusstseine enthält. Für alle Techniker: Ein Photon ist ein masseloses Teilchen des Lichtes. Es kennt keine dichte Materie, kann sich aber darin integrieren und wird kraft unserer Gedanken, Emotionen, vergangener Erfahrungen in unseren physischen Körper übertragen. Es steht nun für uns zur Verfügung. Da wir uns aber im Gesetz der freien Wahl unserer Lernprogramme befinden, ist es erforderlich, um die Zuführung und Aufnahme dieser Energie *zu bitten*. Die einzelnen Schritte sind in der großen Lichtmeditation im Anhang beschrieben.

Die „Übertragung" der hohen Lichtinformationen führt in unserem physischen Körper zu einer Reihe positiver Veränderungen:

Bis zum Zeitpunkt der harmonischen Konvergenz war nur ein kleiner Prozentteil unserer genetischen Codes aktiviert worden. Viele Funktionen haben wir noch gar nicht wahrgenommen.

So wissen unsere Wissenschaftler bis zum jetzigen Stand, dass wir zwei DNS-Stränge (Desoxyribonucleinsäure-Stränge) besitzen. Jeder, der den Dino-Film „Jurassic Park" gesehen oder sich anderweitig mit Genetik beschäftigt hat, weiß, dass alleine in diesen beiden Strängen unvorstellbar viele Informationen „schlummern". Viele Wissenschaftler versuchen, diese entschlüsseln zu können. Ohne spirituelle Anbindung werden sie es nach meiner Meinung nicht entschlüsseln. Es ist eine geniale göttliche Codierung und der Mensch wäre gut beraten, sie nicht zu manipulieren. Wir würden auf unsere Vergangenheit in Atlantis stoßen.

Nun haben wir aber nicht nur zwei, sondern zwölf DNS-Stränge. Diese sind zurzeit weder mit dem Auge noch mit Geräten sichtbar. Dennoch existieren sie. Es ist für uns (noch) unvorstellbar, welche Informationen in den restlichen zehn Strängen „schlummern". Um uns auch nur ansatzweise eine Vorstellung darüber machen zu können, zeige ich hier die Möglichkeiten durch die Transmutation auf:

Unser Drüsensystem ist zum Beispiel sehr zurückgebildet. So wiegt die Hirnanhangdrüse (Hypophyse) etwa 0,6 Gramm und wird bei Abschluss des Transmutationsprozesses etwa das 5– bis 10fache wiegen. Sie gilt als „Dirigent" unseres vegetativen Nervensystems und der Hormonproduktion. Die Zirbeldrüse (Epiphyse) wird sich ebenfalls deutlich vergrößern und verschiedene „Lebensverjüngungshormone", darunter auch das „Hormon des Lebens" produzieren und bei Abläufen der Beendigung des Alterungsprozesses eine tragende Rolle spielen.
Diese Hormone werden auch bald unseren Wissenschaftlern bekannt werden.

Die Umstrukturierung und Vergrößerung dieser beiden Drüsen führt leider zu leichteren oder stärkeren Schmerzen, die sich meist als Kopfschmerzen oder Schwindelgefühle bemerkbar machen.
Beide Drüsen werden auch mulidimensionale Funktionen übernehmen, die uns ermöglichen werden, in anderen Dimensionen zu existieren und zu kommunizieren.

Die Thymusdrüse wird sich nicht mehr zurückbilden, sondern bei der Regulierung der Beendigung von Krankheitsformen behilflich sein.

Unser Gehirn wird sich von 10 - 15 % des Potenzials auf 100 % weiterentwickeln. Die elektromagnetischen und elektrochemischen Anpassungen an unser Erdmagnetgitter und die kosmischen Energien werden unsere gesamten Hirnabläufe verändern. Hilfe werden die Abläufe in unserem Körper von der Aktivierung der zehn weiteren DNS-Stränge erhalten.

So werden die Prozesse dazu beitragen, dass wir immer größere Empfänglichkeit und Empfindlichkeit erfahren werden. Das Stirnchakra, unser „Drittes Auge", wird sich schrittweise öffnen und Einblicke in die geistige Lichtwelt und Dimensionen ermöglichen. Unsere Sinnesorgane entwickeln sich immer weiter und wir werden hellfühlig, hellhörig, hellsehend, hellschmeckend und hellriechend. Unser physischer Körper wird ähnlich wie die Pflanzen in der Lage sein, das Photonenlicht und alle Energien zur Versorgung zu nutzen. Wir werden das Licht in unseren Zellen verstofflichen können. Unsere Verdauungsorgane werden schrittweise ihre Funktionen verlieren, da wir immer weniger grobstoffliche Nahrung aufnehmen werden.

Diesen gesamten Prozess der Transformation und Transmutation nennt man den Lichtkörperprozess. Wir werden höher schwingen und mit unserem höheren Selbst und dem Lichtkörper verschmelzen.

Diese Formen der Transformationsereignisse finden erstmalig auf diesem Planeten statt. Sie dienen zur Schwingungserhöhung und Übergang in die nächsthöhere Dimension.

Nicht alle Menschen werden diesen Weg in dieser Zeitspanne durchschreiten. Dies hängt von der Seelenreife und der Bereitschaft zum Aufstieg ab. Viele, insbesondere die Lichtarbeiter, spüren in ihrem Zellgut nun die Veränderungen und werden die Ersten sein, die diese Prozesse durchlaufen. Christus nannte sie in der nachfolgenden Durchsage die Pioniere, welche alle anderen lehren werden. Diese Lehren sind die gleichen, wie die der aufgestiegenen Meister und dienen als „Aufstiegslehren".

Um als Menschen in die vierte und höhere Dimension einschwingen bzw. aufsteigen zu können, bedarf es folgender Merkmale in uns:

Wir werden dann:

1. hellfühlig, hellhörig, hellsichtig sein.
2. telepathisch kommunizieren können.
3. die Telekinese und Teleportation verstehen.
4. die Materialisation und Dematerialisation verstanden haben.
5. unseren physischen Körper verjüngen können.
6. keinem Alterungsprozess mehr unterliegen.
7. die „Illusion" Tod verstanden haben.
8. das Kinderzeugen und –empfangen mit unserem Bewusstsein steuern, welches zu keinem Schmerz bei der Geburt führen wird. (Jede Mutter wird sich erinnern, welcher Segen dann auf uns zukommen wird. Keine Schmerzen mehr!)
9. 100 % unseres geistigen Potenzials schöpfen können, anstatt „nur" 10 – 15 %
10. unser Herz für uns und alle anderen Menschen geöffnet haben.

Der letzte Punkt ist der wohl wichtigste. Durch die Transformation und Transmutation werden wir in unserem physischen Körper die bedingungslose Liebe wiederentdecken. In unserem Herzzentrum hat sich dann das „ICH BIN – Bewusstsein" manifestiert. Das Christusbewusstsein wird sich in uns entfalten. Das Bewusstwerden des „ICH BIN die/der ICH BIN" führt dann zur Beendigung des Schleiers und Vergessens. Wir werden den physischen Tod und den Alterungsprozess überstanden haben, denn wir sind uns bewusst, als Ausdrucksform und Teil der Quelle unsere schöpferische Liebe und Verantwortung hier auf diesem Planeten weiter zu manifestieren.

Wir werden nach Abschluss dieses Prozesses folgende Herzqualitäten und Merkmale haben:

MUT, FREUDE, DEMUT, HUMOR, GEDULD, HINGABE, TOLERANZ, WEISHEIT, OFFENHEIT, VERTRAUEN, HARMONIE, MITGEFÜHL, EHRLICHKEIT, INNERE RUHE, DANKBARKEIT, GELASSENHEIT, KLARE ABSICHT, VERBUNDENHEIT, FRIEDFERTIGKEIT, WAHRE WERTSCHÄTZUNG, SELBSTSICHERHEIT, EMPFÄNGLICHKEIT, LIEBENSWÜRDIGKEIT, KOMMUNIKATIONSFÄHIGKEIT, BEDINGUNGSLOSE LIEBE AUF ERDEN, FÄHIGKEIT DES VERGEBENS.

Sei zu dir ehrlich und überprüfe für dich in Ruhe, welche Kriterien du bereits erfüllst. An welchen Punkten kannst du für dich selbst noch arbeiten und entsprechend transformieren?

Die vierte und fünfte Dimension

Vierte Dimension

Es ist klar, dass wir uns in diesem Kapitel „nur" auf Mutmaßungen und meinen bisherigen Durchgaben während Channelings stützen können.
In unserer jetzigen Zeit, am Anfang der vierten Dimension, ist es für uns und jeden Einzelnen von größter Wichtigkeit eine Entscheidung zu treffen.

Jeder hat nun drei Möglichkeiten:

1. Diese Inkarnation in überwiegend drittdimensionaler Art und Weise zu leben und diese nach gegebener Zeit durch den Tod wieder zu verlassen, um neu zu inkarnieren.

2. In dieser Inkarnation bewusst die neuen Energien aufzunehmen, zu transformieren und transmutieren, Krankheiten, das Altern und Tod zu überwinden. Danach ist es wieder die freie Entscheidung hier zu bleiben, um diejenigen zu lehren, die nach wie vor unter Punkt 1 leben.

3. Nach erfolgter Transformation und Transmutation den endgültigen Aufstieg in die 5. oder höhere Dimension zu wählen oder dem Erdendienst weiter nachzugehen, indem man zwischen 4. und 5. Dimension „springt".

Wie kann es weitergehen? Wie erleben wir die vierte Dimension?

Wir erleben und durchleben sie bereits schrittweise. Schritt für Schritt! Da wir am Anfang dieser Dimension stehen, ist es uns nur noch nicht so bewusst. Wichtig für uns ist zunächst die Transformation.

Wenn wir Menschen überwiegend auf der Welt in den zuvor bereits genannten Herzqualitäten wie:

MUT, FREUDE, DEMUT, HUMOR, GEDULD, HINGABE, TOLERANZ, WEISHEIT, OFFENHEIT, VERTRAUEN, HARMONIE, MITGEFÜHL, EHRLICHKEIT, INNERE RUHE, DANKBARKEIT, GELASSENHEIT, KLARE ABSICHT, VERBUNDENHEIT, FRIEDFERTIGKEIT, WAHRE WERTSCHÄTZUNG; SELBSTSICHERHEIT, EMPFÄNGLICHKEIT, LIEBENSWÜRDIGKEIT, KOMMUNIKATIONSFÄHIGKEIT, BEDINGUNGSLOSE LIEBE AUF ERDEN, FÄHIGKEIT DES VERGEBENS

leben, dann wird sich doch vieles verändern. Wenn wir diese Qualitäten als Gruppenbewusstsein erlangt haben, dann wird das Resonanzgesetz uns dies auf der ganzen Welt spiegeln.

Was könnte dann passieren?

Durch die Integration dieser Herzaspekte werden Krankheiten aus unserem Gruppenbewusstsein global verschwinden. Die Menschheit wird nicht mehr nach Macht, Geld, Reichtum und Besitzgier streben, was unweigerlich Folgendes in unserem Gruppenbewusstsein verändern kann:

1. Es wird keine Kriege mehr geben.
2. Das Bank-, Geld- und Wirtschaftssystem wird sich drastisch verändern oder verschwinden.
3. Die Forschung wird nur noch um unser Wohl und spirituelles Wachstum bestrebt sein.
4. Die Umwelt, das Natur-, Pflanzen-, Mineral- und Tierreich werden von uns geachtet und endlich respektiert sein. Es wird zu keiner weiteren Zerstörung in diesen Reichen führen.
5. Es wird kein Gesundheitssystem benötigt, denn alle sind gesund und werden nicht mehr altern.
6. Es wird kein Renten- und Sozialversicherungssystem mehr geben.
7. Unsere tägliche Arbeit werden wir mit Freude nach unserer Begabung und Lernaufgabe zum Wohle für uns selbst und aller Menschen verrichten.

Alle diese bestehenden Bereiche werden nun in der Übergangsphase gewaltig ins Wanken geraten. Doch auch dies wird nicht sofort und ruckartig, sondern schrittweise und ineinander überfließend geschehen.

Durch den Transmutationsprozess wird das Gruppenkollektiv aller Menschen hellfühlig, hellhörig und hellsichtig. Wir könnten endlich jenseits des Schleiers sehen und die Stimmen, Klänge und Töne der Pflanzen, Mineralien, Tiere, Flüsse, Seen und Ozeane hören können. Wir werden die höheren Harmonien der Erde hören, fühlen und sehen.

Telefone, Computer, Netzwerke und andere technische Geräte, deren Strahlen uns belasten, werden ebenfalls nicht mehr benötigt, da wir zunehmend telepathisch kommunizieren können und Kristalle zur Verständigung einsetzen .

Stinkende Lastwagen, lärmende Autos und Verkehr werden schrittweise abgeschafft, da wir über das Wissen der Telekinese und Teleportation verfügen und endlich den natürlichen Magnetismus anwenden.

Umweltgifte, Smog sowie radioaktiver, chemischer und biologischer Abfall werden somit verhindert und beseitigt, da wir über das Wissen der Levitation (Ordnung von Lichtteilchen) verfügen. Wir haben das vollkommene Wissen über BIOPHOTONEN. Diese Formen der Verschmutzung und Abfälle werden wir Kraft der Lichtphotonen der kristallinen Energie in lichtvolle Ordnung umwandeln können oder endlich zum lichtvollen Antrieb unserer höheren entwickelten Werkzeuge anwenden.

Schwierige körperliche Arbeiten, störende, umweltbelastende Transportwege, Flüge, anstrengende Reisen werden sich schrittweise erledigen, da wir über das Wissen der Materialisation und Dematerialisation verfügen.

Kostspielige und zum Teil gefährliche Verjüngungs- und Verschönerungstherapien, traurige Beerdigungen werden sich erledigen, da wir unseren physischen Körper verjüngern können und nicht mehr dem Alterungs- und Todesprozess unterliegen.

Alle Frauen aufgepasst: Es werden keine Schmerzen mehr bei der Geburt unserer Kinder geben, da wir das Kinderzeugen und –empfangen kraft unserer Gedanken steuern. Sexualität gibt es nach Aussage von Channelings in der 4. Dimension noch immer. Sie wird dann aber auf Herzqualität jenseits der Dualität von männlichen und weiblichen Prinzipien sein. Die künftige Sexualität wird für beide Geschlechter liebevoll und befriedigend sein.

Langweiliger alter Lernstoff, Auswendiglernen und veraltete Schulzentren, Wissenschaften und Lernerfahrungen werden „Geschichte" sein, da wir über 100 % unseres geistigen Potenzials verfügen und nicht nur über 10 - 15 %.

Viele Menschen werden übergangsweise mehr pflanzliche Nahrungsaufnahme bevorzugen. Durch die Fähigkeit, Licht als Nahrung aufnehmen zu können werden schrittweise Hungersnot und ungerechte Verteilung der Nahrungsmittel weltweit reduziert.

Durch das dann hoch schwingende Frequenzfeld wird ein weltweites positives Resonanzgesetz gespiegelt werden, sodass viele Menschen das Gesetz der Gnade erfahren werden. Viele Ärzte, Forscher und Heiler werden sich anfangs über körperliche Veränderungen wundern.

Die Welt wird in Liebe und Harmonie im Einklang mit der Quelle, der geistigen Lichtwelt und allen Erdbewohnern sein, da wir unsere Herzen für alle geöffnet haben. Stellt euch diese schöne Welt vor!

Um so schneller wird sie sich materialisieren können. Und nicht nur das: Wir werden als Bewusstsein höher schwingen, uns unserer geistigen Anbindung voll bewusst sein und alle in der Lage sein zu „channeln". Unser Gruppenbewusstsein wird höher schwingen, sodass wir Geschenke und weitere Hilfe aus der geistigen Lichtwelt und von der Quelle erhalten werden.

Es werden sich dann höchstwahrscheinlich hohe Bewusstseine wieder materialisieren und auf dieser Welt erscheinen. Sie werden als liebevolle „Weltenlehrer" auf Herzbasis große Lehren über die gesamte Welt verbreiten, die uns noch weiterbringen werden.

Geschenke werden uns übergeben, die zum Teil in Pyramiden auf der Erde versteckt sind. Viele Geschenke sind auch noch unterirdisch versteckt. Sie werden allen helfen, die noch nicht so hoch schwingen und ihre Krankheiten heilen. Auch werden wir sie einsetzen können für den lichtvollen Antrieb, Energiegewinnung und Kraftversorgung, für unser Forschungswissen und vieles Ungeahntes mehr ...

Die Menschheit wird dann so weit sein, mit diesen Geschenken verantwortungsvoll umzugehen. Wir werden nicht mehr nach niederen Belangen streben. Dies wird auch zu Kontakten und Austausch unserer Brüder und Schwestern im Sternenkollektiv führen. Ich meine alle lichtvollen Menschen, die bereits auf höheren Dimensionen leben. Sie werden mit uns in Kontakt treten. Ein großer Austausch von Liebe, Wissen und Harmonie werden dann folgen. Ich frage euch: Ist all dies Schöne die Transformation und Transmutation wert? Ich meine: JA!!!

Was bedeutet Aufstieg?

Der Aufstieg bedeutet die vollkommene Integration aller Herzqualitäten, die abgeschlossene Transformation aller niederen Schwingungen sowie den abgeschlossenen Transmutationsprozess.

Der Aufstiegskandidat muss um den Aufstieg bitten. Die Voraussetzungen sind der Wille und der Abschluss aller Prozesse. Alle Menschen (Seelen) werden aufsteigen, die Frage stellt sich nur, wann. Viele werden sich zunächst nicht dafür entscheiden, da sie noch Lernerfahrungen sammeln möchten. Sie werden entweder wieder inkarnieren oder in der vierten Dimension verweilen, bis ihr Zeitpunkt gekommen ist. Der Wille zum Aufstieg kommt aus der Verschmelzung mit dem höheren Selbst, unserem Lichtkörper. Bedenkt, wie alt unser Universum wohl sein mag und ihr erfahrt eine ungefähre Ahnung, wann wir wieder alle vereint im Licht der Quelle sein werden. Wir haben also Zeit.

Der Aufstiegskandidat wird dann durch verschiedene feinstoffliche Tempel auf der Erde geführt und von den aufgestiegenen Meistern geschult, geprüft und geweiht. Nach diesem Prozess kann der Aufstiegskandidat noch immer entscheiden, ob er aufsteigen möchte oder nicht.

Jeder Aufstiegskandidat ist dann ein physischer Meister, aber auch ein aufgestiegener Schüler. In der höheren Dimension lernt er dann, ein aufgestiegener Meister zu werden, sodass er den Platz der jetzigen aufgestiegenen Meister einnehmen kann. Diese werden dann wiederum weiter aufsteigen.

Ihr erinnert euch: Alles möchte aus seinem tiefsten Sein Lernerfahrungen sammeln und zur Quelle zurückkehren!

Fünfte Dimension

Auch hier ist es klar, dass wir uns „nur" auf Mutmaßungen und meine bisherigen Durchgaben während Channelings stützen können.

Die fünfte physische Dimension wird entweder gerade vorbereitet oder wird im Zuge des eventuellen großen Massenaufstiegs vieler Menschen um das Jahr 2012 vorbereitet. Nach einigen meiner Channelings stellt dieses „Zeitdatum" eine weitere Messung und Toröffnung der geistigen Lichtwelt und der Quelle dar.

Wir haben also entweder noch rund neun Jahre Zeit, um diese große Möglichkeit des Massenaufstiegs durch unsere physische Bemeisterung wahrzunehmen oder der Prozess wird schrittweise gemeinsam mit dem Übergang von vierter in in fünfte Dimension vollzogen. Egal wie lange diese lineare Zeitspanne dauern wird, stehen viele Menschen vor der Wahl in die fünfte Dimension aufzusteigen und diese vorzubereiten oder in der vierten Dimension zu bleiben. Doch Grundbedingung des Aufstiegs bleibt die physische „Bemeisterung". Die vierte Dimension wird sich dann von der fünften Dimension trennen und eine „Parallelwelt" bilden oder die vierte Dimension von schrittweise in die fünfte „hineinwachsen". Egal wie es weitergehen wird, maßgeblich für den linearen Zeitspanne wird unsere eigene Bereitschaft zur Weiterentwicklung sein. Somit wird jeder einzelne Mensch aufgerufen, durch eigene Transformation die lichtvollere Variante seines Umfeldes zu erschaffen. **Die Summe der Transformationen** aller Menschen ist meiner Meinung nach die Materialisierung der fünften Dimension auf der Erde.

Die fünfte Dimension bedeutet, alle genannten Herzqualitäten erreicht, integriert und in unserem physischen Körper manifestiert zu haben. Wir folgen dann den Schritten Jesus (Christus), indem wir als Christusmenschen verschiedenen Weihungen und Prüfungen in feinstofflichen Tempeln und Pyramiden von den aufgestiegenen

Meistern unterzogen werden. Die Folge ist die Abschlussprüfung, um bereit und gewachsen zu sein die hohen schöpferischen Aufgaben und die Verantwortung der fünften Dimension gewachsen zu sein. Wir können von dort aus zu jeder Zeit Kontakt zur vierten oder niederen Dimension aufnehmen, um wiederum dort „gechannelt" zu werden. Je niedriger die Schwingung der anderen Dimension für uns dann ist, desto höher ist die Wahrscheinlichkeit, dass wir als „Wundererscheinung" angesehen werden. Der fünfdimensionale Mensch ist dann hohe Lichtenergie und wird einen goldenen Mantel, den „Lichtkörper", tragen.

Für Wesen in der fünften Dimension ist es aber genauso, als ob sich nichts verändert hätte. Das Erscheinungsbild ist dasselbe. Zwischen den Dimensionen allerdings ist der Unterschied die „Lichterscheinung" des Körpers.

In der fünften Dimension werden wir dann überwiegend die schöpferische Kraft lernen. Wir werden dann ausschließlich Dinge kraft unserer Gedanken erschaffen können. Der lichtvollen Verantwortung sind wir uns dann voll bewusst. Wir werden zum Teil den Platz der aufgestiegenen Meister einnehmen, da diese auch weiter aufsteigen möchten. Wir werden dann die Rolle der Lehrer und geistigen Helfer für andere weniger lichtvolle Dimensionen übernehmen.

Wie können wir uns die Welt in der fünften Dimension vorstellen?

In der fünften Dimension wird diese Erde ein wunderbarer, leuchtender Planet sein. Ein Planet, in dem das Leben an sich in Einheit miteinander existent ist. Dies bedeutet, dass die existierenden Wesen in Einheit leben mit dem Wesen „Planet" Erde, mit sich selbst, dem alles beseelenden Geist und der Quelle. Wir werden in der Lage sein, das Wasser, die Pflanzen, die Mineralien, die Tiere, die Elemente so wie sie sind zu erkennen und wahrzunehmen. Wir werden alle aus- und einströmende Energien spüren und wir sind in der Lage, Wesen wahrzunehmen und die Wesen, die ihren Dienst an diesen Wesen tun. Wir werden dann diesen Dienst lernen und übernehmen. Wir sind ebenfalls in der Lage, alles zu sehen und wahrzunehmen. Und das Beste ist, wir fühlen uns nicht mehr getrennt.

Wir fühlen uns nicht mehr getrennt von diesen Wesen, die ihren Dienst übernommen haben, in den Gewässern, in der Erde oder in den Pflanzen, die dann noch existent sind. Wir fühlen uns verbunden, wir fühlen uns eins. Wir sind heimgekehrt und wir fühlen uns als Teil einer großen Gemeinschaft, als Teil einer großen Familie. Und ein langer Traum und langer tiefer Wunsch in uns hat sich erfüllt. All das, was uns jetzt bedroht, bedrückt, sorgt und ängstigt auf dieser Ebene, auf dieser physischen Erde, hat sich vollkommen aufgelöst auf der neuen fünften Dimension der Erde. Jede einzelne Existenz ist in der Lage, selbstverantwortlich und selbstbewusst für sich selbst und im Sinne des Ganzen zu existieren. Das ist es, was uns erwartet, warum es notwendig ist, dass wir uns unseren Ängsten stellen, dass wir sie nicht länger verdrängen, sondern uns bewusst machen Angst, Unsicherheit und Zweifel zu fühlen und zu transformieren!

> Überall um uns herum wird bedingungslose Liebe,
> die wunderschöne Kreation der Schöpfung und die
> unbeschreiblichen Klänge der Sphärenharmonie sein.

Neuzeitkinder –
unsere „Indigo-Kinder"

In mehreren Kapiteln meines Buches habe ich auf eine Wesenheit namens „Kryon" hingewiesen. Kryon wird von Lee Caroll, einem ehemaligen amerikanischen Geschäftsmann gechannelt.

In den nachfolgenden Durchsagen wird ebenfalls über Neuzeitkinder berichtet, die zusätzlich zu dem Indigoblau auch den silbernen oder rosafarbenen Strahl haben. Mir sind diese Formen der Auren als „Kinder der Liebe" (rosafarbener Strahl) und „Kinder der Gnade" (silberner Strahl) übermittelt worden.
Ich selbst möchte an dieser Stelle nicht weiter über die Indigo-Kinder berichten, da es von weitaus kompetenteren Personen und Lichtwesenheiten getan wurde. Mir ist es aber wichtig, für unsere Kinder – unsere Zukunft – hier in diesem Buch auf weitere Fachbücher hinzuweisen:

Kryon hatte mit als erster über ein Phänomen berichtet, das seit über 12 Jahren weltweit auftritt.

In Kryons und Lee Carrolls Büchern stehen wiederholt Hinweise auf die neuen Menschen, die seit 1992 wegen des neuen irdischen Magnetgitters zu Tausenden geboren werden und als eines der Merkmale ein dunkles Blau in der Aura haben. Den Namen Indigo-Kinder gab ihnen Lee, weil er sich daran erinnerte, schon früher, in einem Buch von Nancy Ann Tappe, von Kindern gelesen zu haben, deren besonderes Merkmal die Farbe Indigo in der Aura war.
Diese Kinder kommen in erster Linie, um dem Planeten beim Herausbilden einer neuen, höherdimensionalen Energiestruktur zu helfen. Sie haben nicht mehr dieselben Lektionen zu lernen wie die Menschen, die in der alten Energiestruktur gelebt haben. Aber sicher haben auch sie noch zu lernen, denn keine Seele hat je ausgelernt. Beim Prozess, der jetzt in der Galaxis abläuft, lernt selbst die Quelle noch eine ganze Menge dazu.

Diese Kinder fallen durch ungewöhnliche psychologische Merkmale auf, die das Verständnis ihrer Eltern, Lehrer und Schulkameraden oft ziemlich herausfordern. Und weil sie auffällig sind, droht ihnen die Gefahr, dass man ihnen die Auffälligkeit wegtherapieren will.

Lee Carroll und seine Frau Jan Tober haben Dank den Kryon-Büchern von vielen Menschen erfahren, die in irgendeiner Form mit Indigo-Kindern zu tun haben, und sie haben beschlossen, zum besseren Verständnis dieser jungen Menschen ein Buch mit Erfahrungen, Erkenntnissen und Ratschlägen zu veröffentlichen.

Es ist dieses Mal also nicht Kryon selbst, der den Inhalt des Buches diktiert hat.

Ich möchte hier das Wesentliche zusammenfassen:

Als in den vergangenen Jahren in der amerikanischen Öffentlichkeit immer häufiger von Problemen zu hören war, die junge Eltern mit einer neuen Art von Kindern hat, dachte man, dies sei wieder einmal ein typisch amerikanisches Problem, doch mit der Zeit fand man heraus,

1. dass es eine weltweite Erscheinung ist,
2. dass sie über kulturelle Schranken hinweggeht,
3. dass sich das Phänomen ausweitet,
4. dass da und dort Erkärungsansätze und Hilfestellungen auftauchen.

Gleich im ersten Kapitel des Buches „**Die Indigo Kinder**" von Lee Caroll und Jan Tober listen die Autoren die zehn häufigsten Merkmale der Indigo-Kinder auf:

1. Sie haben das Gefühl, Königskinder zu sein und verhalten sich oft entsprechend.
2. Sie haben das Gefühl, dass sie es verdienen, hier zu sein, und sind sehr erstaunt, wenn andere dieses Gefühl nicht teilen.
3. Sie haben keine Probleme mit dem Selbstwertgefühl.
4. Sie haben Mühe mit absolutistischer Autorität (einer Autorität, die keine Erklärungen abgibt und dem anderen keine Wahl lässt).
5. Sie tun gewisse Dinge ganz einfach nicht. Beispielsweise fällt es ihnen schwer, sich in eine Wartereihe zu stellen.
6. Rein rituell ablaufende Systeme frustrieren sie, weil sie keine Kreativität zulassen.
7. Ihnen fallen zu Hause und in der Schule viele Verbesserungsmöglichkeiten ein - weshalb sie oft wie Rebellen, Nonkonformisten und Systemsprenger wirken.
8. Sie wirken asozial, außer wenn sie unter ihresgleichen sind. Wenn keine Menschen um sie herum sind, die wie sie sind, ziehen sie sich oft in sich zurück und haben das Gefühl, niemand verstehe sie. Die Schule macht ihnen in sozialer Hinsicht oft Mühe.
9. Sie reagieren nicht auf Schulddisziplinierung (Warte, bis dein Vater heimkommt und sieht, was du angestellt hast!)
10. Sie scheuen sich nicht, dir zu sagen, was sie brauchen.
11. Sie sind sehr sensitiv und verfügen über ein hohes Maß an Energie.
12. Sie langweilen sich schnell und lassen rasch ihre Aufmerksamkeit von etwas anderem ablenken.

In diesem Buch folgt eine Serie von Artikeln von ganz verschiedenen Autoren - Kinderpsychologen, Erziehern, Eltern, Betroffenen und Medien mit Ratschlägen, wie man mit diesen Kindern am besten umgeht. Vor allem wird auch davor gewarnt, dass man diese oft als hyperaktiv und zerstreut auffallende Kinder (so genanntes **ADS** =**A**ufmerksamkeits-**D**efizit-**S**yndrom) mit Psychopharmaka (etwa Ritalin) zu sedieren versucht.

Ganz wichtig sind die Hinweise über grundlegendes Verhalten gegenüber diesen Kindern. Hier einige davon:

1. Behandle Indigo-Kinder mit Respekt! Würdige ihre Anwesenheit in der Familie!
2. Ermögliche es ihnen, ihre eigenen disziplinarischen Lösungen zu finden!
3. Lasse ihnen bei allem die Wahl!
4. Setze sie niemals herab!
5. Erkläre und begründe deine Anweisungen immer und höre dir selbst dabei zu!
6. Mache sie zu deinen Partnern! Denk viel darüber nach!
7. Erkläre ihnen alles, was du tust, selbst dann, wenn sie noch Babies sind!
8. Gib ihnen Sicherheit und lass sie wissen, dass du sie unterstützt! Vermeide negative Kritik!

Dieses Buch ist zweifellos ein äusserst wertvoller Beitrag zum Verständnis der neuen Kinder. Auch Menschen, die nur gelegentlich und nicht direkt mit diesen Kindern zu tun haben, erhalten einen nützlichen Zugang zu dem neuen Bewusstsein, das hier in Gestalt dieser neuen Menschen heranwächst.

Quelle: Reindjen Anselmi, 1999 Lichtforum

Buchtipps zu diesem Thema:

Indigo Kinder erzählen
von Lee Caroll/Jan Tober
Verlag: KOHA   **ISBN: 3929512874**

Die Indigo Kinder
Eltern aufgepasst ... Die Kinder von morgen sind da
von Lee Caroll/Jan Tober
Verlag: KOHA   **ISBN: 3929512610**

Das Indigo – Pänomen Kinder der neuen Zeit
von Carolin Hehenkamp
Verlag: Schirner   **ISBN: 3897670895**

Indigo-Schulen
Chinas Trainingsmethoden für medial begabte Kinder

Verlag: KOHA   **ISBN: 3929512629**

Der Frequenzausgleich und die Ausrichtung an das Magnetgitter

Wir haben in den letzten Kapiteln gelernt, dass alles in Schwingung ist, also sind wir Menschen mit unserem Körper ebenfalls in Schwingung. Wir sind Licht. Licht ist in Schwingung und enthält Farben, Informationen, Töne und Klänge. Unsere Sprache ist folglich eine Art „Gesang", allerdings auf einer niedrigeren Stufe im Vergleich zur Sphärenmusik und Sphärenharmonie. Alle Lichtteilchen, die unseren Körper darstellen (grobstofflich = Atome, feinstofflich = Lichtphotonen), sind in Schwingung und erzeugen daher auch einen Magnetismus. Wir erzeugen ein Kraftfeld mit magnetischen Strömen in uns und in unserer Aura.

Auf der Abbildung kann man erkennen, wie die Kraftlinien (Feldlinien) eines Magneten durch Eisenfeilspäne sichtbar gemacht werden.

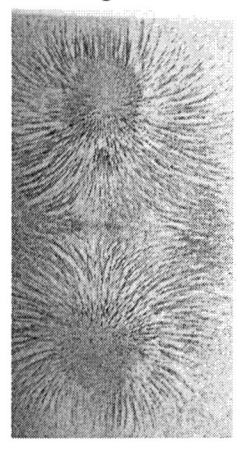

Ähnlich wie auf dem Bild durchströmt auch unsere Magnetkraft unser irdisches Sein. Die Pole werden in uns durch unsere Chakren geregelt, die Hauptpole unseres **e**lektro**m**agnetischen **F**eldes (**EMF**) sind die kosmischen Energien und die Erdenergien. Stellt euch nun ein elektromagnetisches Feld eines Elektromotors vor: Gibt man zu viel Energie in die Spule, wird sie durchbrennen und irgendwann stinkender- und rauchenderweise nichts mehr tun. Sie ist dann kaputt. Ähnlich wirken die großen hohen Frequenzen, die aus dem Kosmos nun auf uns einströmen. In einem Elektromotor kann man das Durchbrennen umgehen, indem man die Spule vergrößert. In unserem Körper sind nach meiner Überzeugung die Chakren und die Gene verantwortlich, höhere Energien aufnehmen zu können.

Ähnlich wie ein überlasteter Elektromotor reagiert nun auch der Körper und unsere Aura auf die hohen Frequenzen. Wir werden zum Beispiel: unruhig, aggressiv, haben plötzlich Gefühlsausbrüche, Ohrendruck oder heftige Kopfschmerzen. Aus diesem Grund ist eine regelmäßige Angleichung an das neue Erdgitternetz und eine Ausgleichung der Frequenzen in unserem Körper, dem Vierkörper-System und in unserem Lichtkörper sehr wichtig.

Die Energien fließen wie in jedem Magnetkraftfeld durch uns wie eine Achse (axilar). Um den großen Frequenzausgleich und die Ausrichtung (ständige Korrektur) an die neuen Energien und an das neue Erdmagnetgitterfeld kann man bitten. Dies dauert nicht lange und wie ich es in vielen Sitzungen bereits selbst an mir und anderen festgestellt habe, führt es zu einer spontanen Veränderung und Besserung der

Unpässlichkeiten. Ich betone an dieser Stelle ausdrücklich, dass dies selbstverständlich <u>keine</u> ärztlichen Therapien ersetzt.

Die Übungen zu dem Ablauf habe ich im Anhang aufgeschrieben, gleichzeitig sind sie auch auf meiner Meditation-CD im Rahmen der „großen Lichtmeditation".

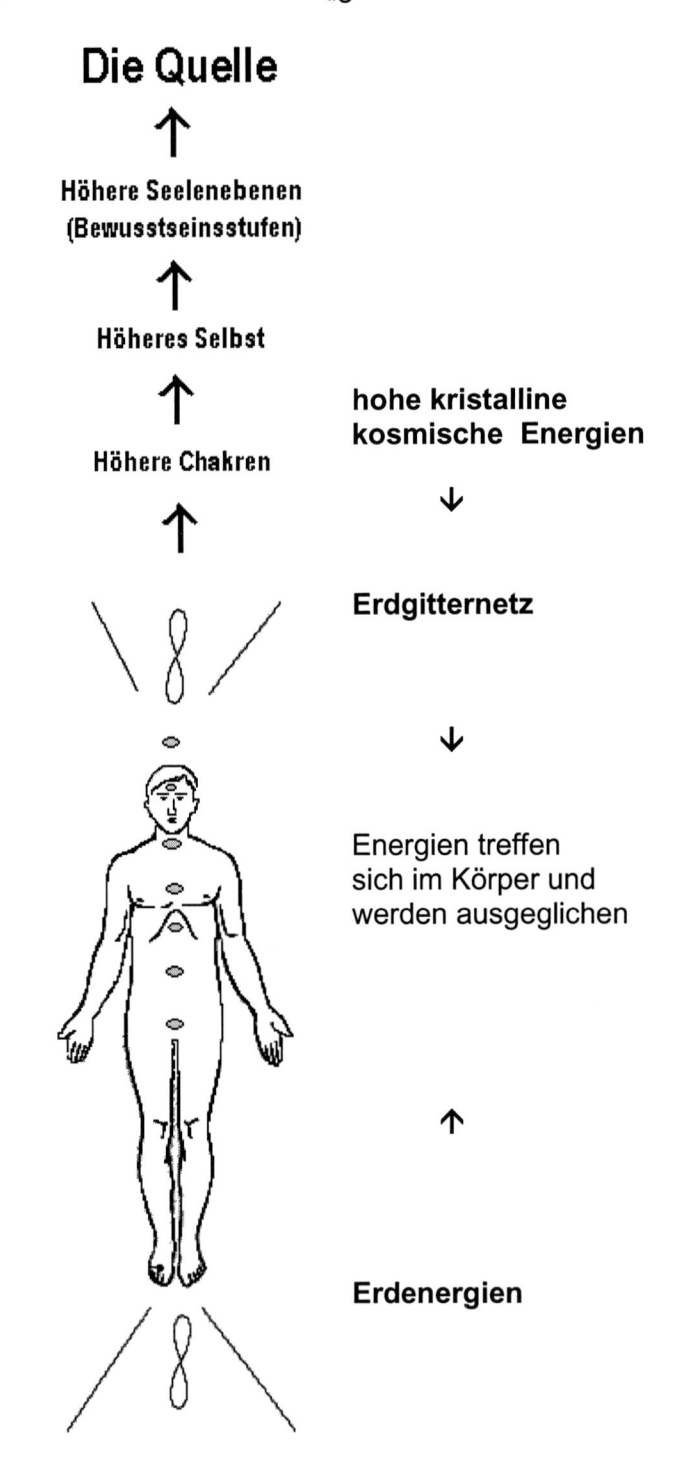

Die Quelle

↑

**Höhere Seelenebenen
(Bewusstseinsstufen)**

↑

Höheres Selbst

↑

Höhere Chakren

↑

hohe kristalline kosmische Energien

↓

Erdgitternetz

↓

Energien treffen sich im Körper und werden ausgeglichen

↑

Erdenergien

Kosmische Energien

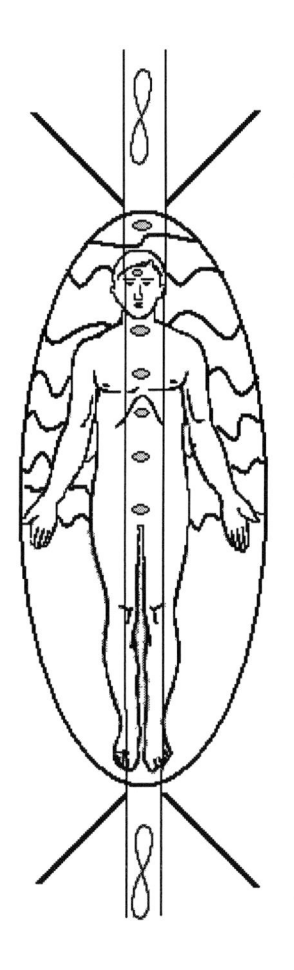

Energien durchströmen axilar unseren Körper und erzeugen ein verstärktes Magnetfeld.

Erdenergien

Kosmische Energien

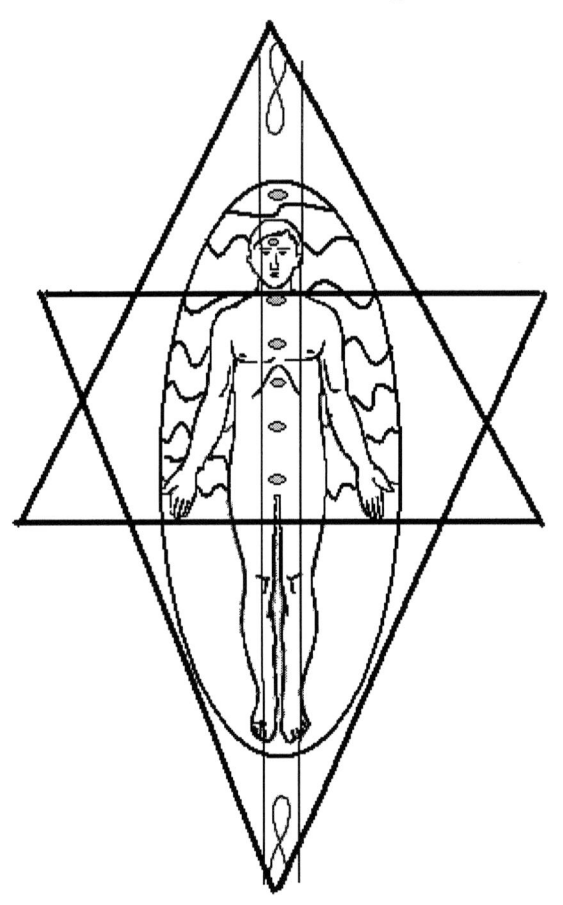

Energien durchströmen axilar unseren Körper und erzeugen auch ein verstärktes Magnetfeld in unserem Lichtkörper

Erdenergien

Die Channelings
(Durchsagen)

Vywamus

Unser Vierkörper-System

*Aus den Reichen des Lichtes und der Liebe,
aus den hohen Energien eurer Erde,
diesem wunderbaren Lebewesen,
grüße ich euch, meine Lieben, ihr Kinder des Lichtes,
und segne euch mit meinen Erdenergien.
ICH BIN Vywamus.*

ICH BIN verantwortlich für die großen Erdenergien. Ich leite und lenke sie. Und auch die kosmischen Energien. Seht, ICH BIN ein Aspekt und beseele euren Planeten. Die vielen Aspekte eures Planeten. Versteht dies: Ihr lebt in einer Symbiose mit der Erde.

ICH BIN Vywamus, verantwortlich die Erdenergien auszugleichen, verantwortlich für euren Körper, euren Geist und eure Seele im Zusammenhang für den Aspekt der Erde. Um es euch vorzustellen, ich arbeite mit und für den planetaren Logos. Ich arbeite mit und für den großen Aspekt "Sanat Kumara". Ich halte die Dinge am Laufen sozusagen. Und es hat seinen Grund, dass die Erdenergie und der Magnetismus aller Menschenkinder den physischen Körper am Leben erhalten. Ohne den Magnetismus der Erde könntet ihr nicht überleben. Der physische Körper würde es nicht aushalten, ihr könntet in dieser physischen Form nicht leben. Ihr lebt in einer Symbiose mit der Erde, in einer großen Symbiose. Spürt ihr es? Spürt ihr die großen Kräfte von Lady Gaia?

Die großen Kräfte sind um euch, in euch, in jeder Pflanze, in jedem Pflanzenkörper, in allen Tieren, allen Tierkörpern, in der Luft, im Wasser, im Feuer, im Wind, überall in euren Elementen. Euer physischer Körper ist die Verbindung aller Elemente, er ist eine unglaubliche Kreation, eine Kreation der Perfektion. Euer physischer Körper ist geliehen, er ist immer nur geliehen. Zeiten ändern sich, ihr werdet ihn für eine lange Zeit erhalten und ihr werdet ihn transformieren. Aus Transformationen wird Transmutation.

Seht und versteht dies: Euer physischer Körper und euer ganzes Sein sind verbunden mit der Erde. Und nicht nur euer physischer Körper. Ihr habt ein so vielschichtiges Körpersystem. Doch ich möchte mit euch eine Reise beginnen: eine Reise durch eure vier Körper, das Vierkörper-System.

1. Seht, all eure Gedanken, sie entwickeln sich immer weiter. Dies ist euer **Gedankenkörper.**

2. Alle eure Gefühle, sie entwickeln sich immer weiter. Dies ist euer **Gefühlskörper.**

3. Alles das, was ihr erlebt habt, in so vielen Inkarnationen - und auch ich hatte Inkarnationen - all das Erlebte ist in eurem **spirituellen Körper** (Ätherkörper).

4. Alle eure Körper lernen, euer **physischer Körper** lernt.

All diese Körper lernen auf verschiedenen Stufen. Ihr lernt und seid ein Teil von uns. Ihr seid ein Teil der großen Quelle. Ihr seid ein Teil des alles beseelenden Geistes. Versteht dies. Auf allen Ebenen lernt ihr, in allen euren Körpern lernt ihr.

Integriert nun das Gelernte in allen euren Körpern! Integriert dieses gelernte Wissen! Lichtarbeiter haltet zusammen! Haltet zusammen und tauscht euch aus!

Das große Licht, das Licht des Vaters, es entsteht nur durch Lernen. Es entsteht durch Integration alles Gelernten. Und das große Licht scheint durch die Kommunikation.

Ihr habt so große Möglichkeiten der Kommunikation:
Kommunikation durch eure physischen Körper.
Kommunikation durch eure Gefühle.
Kommunikation durch alle eure Gedanken.
Kommunikation auf den astralen und spirituellen Ebenen.

Ihr erhaltet sehr viel Hilfe auf diesen beiden Ebenen. Diese Hilfe kommt aus einer sehr hohen Ebene. Alle Lichtwesen dieser Ebenen stehen euch zur Verfügung.

Wie oft, wie oft, ich frage euch, wurdet ihr bereits geschult in euren Träumen? Ich erinnere euch alle.

Integriert nun dieses Wissen und geht nun auf eure innere Reise durch eure vier Körpersysteme! Integriert all das Gelernte aus euren Körpern! Integriert es zu einem großen Licht und ihr werdet reisen. Ihr werdet reisen. Dies ist der große Übergang. Dies nennt ihr das große goldene Zeitalter, ihr kreiert das goldene Zeitalter. Ihr seid das goldene Licht. Es wird verstärkt und ihr erhaltet all unsere Hilfe. Ihr seid das Licht. Integriert nun das Wissen, die Erkenntnis und das Licht in euch und geht in euch auf Reisen durch euer Vierkörper-System.

Seht, die *Vier*, hat eine große Bedeutung auf eurer Erde, denn ihr habt *vier* große Bereiche in dieser physischen Welt. Ich spreche nun über euer *Pflanzenreich*. Es ist das höchst entwickelte Reich. Oftmals gehen die Menschenkinder nicht gut mit diesen wunderbaren Lebewesen um. Erkennt das Leben und die Liebe! Im Licht fließt nur die Liebe. Sehr viele Pflanzenwesen auf euren Planeten sind weit entwickelt.

Geht weise mit ihnen um! Und ihr seid auch gut beraten, euch aus diesem Bereich zu ernähren, lebt vom Licht, denn es ist das am weitesten entwickelte Reich.

Ein weiteres Reich ist euer *Mineralreich*. Kleine und auch große Mineralien, schon immer habt ihr auch mit diesem Bereich gelebt, zu aller Zeit, in Äonen. Lernt aus den Kristallen! Kommuniziert mit ihnen! Geht nicht achtlos auf ihnen nur spazieren. Das Licht entsteht durch Kommunikation und Integration. Gebt Liebe und Heilung auch in das Mineralreich. Dieses Reich entwickelt sich, wie euer physischer Körper. Sowie er sich nun weiterentwickelt, so entwickelt sich auch das Mineralreich. Darum gebt Liebe und Heilung in euren physischen Körper und gebt Heilung und Liebe in das Mineralreich!

Denn seht, alle Erschütterungen in eurem physischem Körper, in euren Gedanken, in eurem gesamten Vierkörper-System führt auch zu einer Erschütterung in eurem Mineralreich. Erkennt ihr die große Symbiose mit der Erde? Gebt Heilung auch in dieses Reich! Kommuniziert weise mit den Kristallen! Ihr kommuniziert ohnehin schon mit ihnen. Ihr habt diese vielen technischen Geräte (Computer, Siliziumprozessoren). Ihr kommuniziert bereits mit Kristallen, doch lernt, die Sprache der Kristalle zu verstehen. Lernt auch, die Heilung der Kristalle zu verstehen! Kommuniziert mit ihnen! Ihr werdet erstaunt sein, sie haben sehr vieles zu berichten.

Integriert und kommuniziert mit eurem *Tierreich!* Einige der Tiere sind bereits gegangen. Sie haben eine hohe Evolution beschritten. Ihr habt auf diesem Planeten Tiere als Lichtarbeiter, sie sind nun als Tiere übrig geblieben. Es waren hohe, sehr hohe Lichtarbeiter. Ihr nennt sie Wale und Delphine. Diese Form der Lichtarbeiter ist gegangen. Die Lichtarbeiter sind gegangen und nun übernehmt ihr die Verantwortung. Ihr übernehmt nun ihre Verantwortung. Sie kommunizieren über eine so große Distanz, nun kommuniziert wie sie, kraft eurer Liebe und Gedanken über große Distanzen! Ihr übernehmt einen Teil dieser Lichtarbeiter. Übernehmt nun die Heilung der Erde! Viele Tiere werden gehen. Behandelt alle Tiere gut. Doch viele werden gehen. Sie sind nun weiterentwickelt und sie werden auch diesen

Planeten verlassen. Doch behandelt sie gut. Behandelt sie mit Liebe, Respekt und Achtung. Kommuniziert mit ihnen und integriert sie in euer tägliches Leben.

Integration und Kommunikation, dies ist der große Weg. Und ein weiteres, das vierte Reich ist das *Menschenreich*. Ihr seid diejenigen, ihr gebt all dieses Wissen weiter und ihr übernehmt nun die Verantwortung. Lasst euch nun von euren Seelenebenen leiten.

Verbindet euch nun mit euren Seelenebenen, kommuniziert und integriert sie und alle eure Aspekte. Und diese Welt wird dann leuchten und im Licht erstrahlen. Diese eure physische Welt wird aufsteigen. Auch das Vierkörper-System der Erde sowie das eure, werden aufsteigen. Und ihr werdet in Dimensionen reisen und während dieser Reisen euren physischen Körper begleiten können. Er wird stets bei euch sein. Doch bevor dies möglich ist, integriert und heilt all das Gelernte, alle eure Teilaspekte und eure Seelenebene.

Kommuniziert mit diesen Bereichen. Lauscht auf eure feine Stimme, all die Abenteuer des Wissens. Sie warten auf euch. Versteht die Symbiose mit der Erde und heilt sie und auch euch. Ihr heilt euch, indem ihr auch die Erde heilt. Die Erde wird heil, indem ihr heil seid. Versteht diese große Symbiose! Versteht eure hohe Ebene, denn ihr seid ein Teil von uns.

Arbeitet mit den Erdenergien. Integriert sie mit all den großen kosmischen Energien des Vaters. Arbeitet mit den kristallinen Energien. Sie stehen euch zunächst für die Heilung in dieser Dimension zur Verfügung. In höheren Dimensionen werdet ihr mit diesen Energien, diesem hohen kristallinen Licht, Kraft eurer Gedanken Stätten und Zentren erbauen können. Doch zunächst versteht und integriert die große Liebe im Licht. Versteht auch die Verantwortung, die ihr tragen werdet und es wird euch alles das zur Verfügung stehen. Die Erde, sie wird sich teilen. Die Dimensionen werden sich teilen.

(*Anmerkung:* Vywamus spricht wahrscheinlich über die Teilung von der 4. und 5. Dimension. Einige Menschen werden entscheiden in die 5. Dimension zu gehen, während andere in der 4. Dimension der Erde verweilen).

Ihr seid alle eingeladen, den großen Weg zu gehen. Mit den Erdenergien und der Vereinigung der großen kosmischen Energien. Dies ist die große Vereinigung eurer physischen Körper zu einem lichtvollen Fahrzeug.

Ein Fahrzeug für höhere Dimensionen. Ihr werdet es verstehen und auch sehen, wovon ich spreche. Es wird kein Schleier mehr sein. Integriert und heilt all eure Aspekte, all das, was ihr in eurem Vierkörper-System gelernt habt. Alle Unpässlichkeiten, auch das Altern wird gehen. Dieses Wissen gebe ich euch an die Hand. Wir geben es euch an die Hand. Ihr seid geliebt, denn ihr seid ein großer Teil des Lichtes.

Alles das, was mit euch zurzeit geschieht, ist Energieausgleich und eine Anhebung des Magnetismus. Eine Anhebung an eine höhere Schwingung. Dies findet im Moment statt, überall. So wie innen als auch außen. So wie in der Erde, so auch in euch. Ihr erreicht dies durch Anhebung eurer Schwingung, durch Transformation.

ICH BIN Vywamus und jederzeit für euch da, ruft mich oder denkt an mich. Bittet mich um Ausgleich der Erdenergien in euch.

Was kann ich tun, um die Schwingungen zu erhöhen?

Spüre ganz intensiv die Anbindung. Die Anbindungen an die höheren Sphären sie sind sehr wichtig. Sei dir aber trotzdem immer den Erdenergien bewusst, denn der Ausgleich ist sehr wichtig. Dies erreichst du durch Transformation. Gib alle alten Muster, Gedanken und alles was dich belastet zur Transformation. Gleiche dich aus mit den Erdenergien und den höheren Energien des Kosmos. Der Weg der Transformation ist sehr wichtig für euch. Bittet um die Transformation. Übergebt das Alte, negative Bewertungen und Gedanken in die große violette Flamme. Spürt und fühlt, wie alles für euch aufgelöst wird. Gleicht dennoch immer die Energien aus. Seid euch der Erdenergien bewusst! Ihr nennt dies Erdung. Sie sorgt für den Ausgleich. Ihr habt noch so viele, viele Aufgaben auf dieser Erde. Durch jede Erdung, Transformation und Ausgleichung der Energien erhöht ihr eure Schwingung wie ein Katalysator zwischen euch und der Erde. Die Erde, sie hat bereits eine hohe große magnetische Schwingung. Gleicht euch dieser Schwingung in euren Vierkörper-Systemen magnetisch an. Dies nennt man Frequenzausgleich. Ihr spürt und fühlt bereits die Erhöhung der magnetischen Schwingung der Erde. Der Weg der Erhöhung führt euch sowie die Erde durch die Transformation.

Transformation bedeutet Umwandlung, das habe ich verstanden. Aber was ist mit der Erdung gemeint?

Visualisiert euch eine Verbindung ganz tief mit der Erde. Die Erdenergien könnt ihr auch in Farben aufnehmen. Es ist ein wunderschönes Hellbraun mit einem schillernden Gold. Dies sind auch meine Farben. Visualisiert eine gold/hellbraune Schnur von euren Füßen bis in das Erdinnere. Diese Schnur wird euch dabei behilflich sein. Bittet, die Erdenergien durch eure Chakren und euer ganzes Sein fließen zu lassen. Du wirst sie spüren. Erdung ist eine große Heilung, viele haben dies verlernt. So wie ihr die hohen kosmischen Energien aufnehmen könnt, so wichtig ist auch die Erdung für euch. Dieser große Ausgleich ist von großer Bedeutung. Ruft mich jederzeit, ich werde euch diese Energien zur Verfügung stellen. Ich werde euch unterstützen. ICH BIN Vywamus. Ich werde bei euch sein.

Ich habe eine Frage, anscheinend geht es vielen so, es geht um meinen Tagesablauf. Oftmals bin ich sehr müde und habe im Moment einen enormen Schlafbedarf. Kannst du mir erklären, woher das kommt und was ich ändern kann, um wieder da raus zukommen?

Konzentriere dich stets auf das JETZT, denn siehe, ihr alle habt so große Aufgaben, auch du mein Kind. Sehr große Aufgaben. Die Erde schwingt nun immer schneller. Aus diesem Grund fühlt ihr euch oftmals müde. Das hat nicht immer unbedingt etwas mit eurer physischen Arbeit zu tun. Es hat sehr viel mit Magnetismus zu tun. ICH BIN ein Meister des Magnetismus. Gleicht euch diesen nun schnelleren Schwingungen an.

Die Form der Müdigkeit, die ihr verspürt, ist in gleichen Intervallen. Es sind regelmäßige Intervalle, achtet darauf! Dies ist der Lauf der Welt, die Erhöhung der Erde. Wenn Vulkane beben und jedes Mal, wenn die Erde bebt und sich öffnet, kommt ein neues Intervall der höheren Schwingungen. Denn: Die Erde, sie transformiert, so wie ihr. Sowohl oben als auch unten - sowohl innen, als auch außen. Also achtet auf die Intervalle eurer Unpässlichkeiten und Müdigkeit! Sie werden eine Regelmäßigkeit aufweisen. Geht dann in die Stille, atmet tief ein und bittet um viel Licht und Liebe. Gebt dies an euren Körper und an die Erde weiter.

Ihr erfahrt zu diesen Zeiten sehr viel Schulung. Viele der Schulungen finden während des Tages und oftmals in der Nacht statt. In euren Träumen. Bittet um Ausgleich, Frequenzerhöhung und Transformation und immer mehr werdet ihr eure inneren Kräfte spüren. Eure Müdigkeit ist eine Form des Magnetismus. Immer dann, wenn schneller und langsamer schwingende Frequenzen in euren Körper einströmen und sich begegnen. Bittet um den Ausgleich dieser Frequenzen. Es ist Magnetismus. Müdigkeit ist eine Verweigerung eures Körpers an die hohen Frequenzen.

Darum ist die Transformation für euch so wichtig. Ihr habt die Ermächtigung zur Transformation! Durch fehlende Transformation und fehlende Frequenzausgleichung kommen viele Verweigerungen in eurer physischen Daseinsform hoch. Sie werden immer schneller in diesen Energien. Sie äußern sich in unschönen Varianten, wie Angst, Wut, Zorn, Aggressivität. Erkennt diese Teilaspekte in euch, kommuniziert, integriert und heilt sie. Transformiert sie bewusst. Manche Teilaspekte wiederholen sich. Dies ist der Spiegel für euch, sie euch *bewusst* zu betrachten, erkennen, integrieren, heilen und zu transformieren. Damit bemeistert ihr eure Teilaspekte und euer ganzes Sein. Dies erfordert Geduld. Ein weiterer Aspekt! (alle Teilnehmer lachen)

Ihr seid Katalysatoren und Akkumulatoren für das Licht. Ihr habt unglaubliche Kräfte. Nutzt und aktiviert diese Kräfte, die Kraft eurer Gedanken. Sie können so großes, großes bewirken, die Kraft eurer Gedanken und Vorstellungen, die Kraft eurer Liebe, die Kraft eurer Fürsorge für eure Mitmenschen. Ihr sowie auch ich, Vywamus, wir sind eins. Ihr seid ein großes, großes Kollektiv, hier in eurer physischen Welt und auf der Seelenebene in den Reichen des Lichtes. Die Dualität lehrt euch, dass euer physisches Kollektiv nicht immer eins ist. Jenseits eures Schleiers ist euer *höheres* Kollektiv eins, All-In-EINS. Und wie ich, Vywamus, euch kenne, so kennt Ihr euch alle.
Arbeitet mit eurem Sender, eurem Herzzentrum, eurem ICH BIN – Bewusstsein, es ist euer größter und stärkster Sender. Darum sendet aus diesem Zentrum stets Licht und gute Gedanken. Ihr verändert eure lineare Zukunft, kraft eurer Gedanken und Schwingungen. Versteht ihr die Notwendigkeit der Transformation?

Wie kann ich es meinen Kindern beibringen? Oftmals haben sie eine Unruhe, sind desorientiert. Dies ist sehr oft und sehr stark bei meinen Kindern. Ich habe aber mit Worten oft keine Möglichkeit bei ihnen anzukommen. Was kann ich tun?

Oh, sie sind in ständiger Bewegung. Mein Kind, es ist nicht immer leicht für einen großen Meister in eine untere Schulklasse zu gehen. Dies ist das, was mit euren Kindern zurzeit geschieht. Sie sind oft große alte Meister. Vieles altes Wissen ist in ihren Zellen. Es sind die Kinder der neuen Zeit. Sie spüren in allen ihren Zellen und aus ihrem ganzen Sein ihre großen Fähigkeiten. Oftmals ist der große Ausgleich in ihnen noch nicht da. Ihr würdet sagen, sie können ihre enormen Kräfte nicht ausleben. Dies führt in ihnen zu einer großen Beunruhigung und Unruhe. Es führt zu großer Bewegung. Ihr nennt dies vergrößerte Aktivität (*Anmerkung:* Hyperaktivität, ADS Syndrom). Sie werden ihr Wissen einsetzen können, zu einem richtigen Zeitpunkt. Dies wird sein, noch ehe sie erwachsene Menschenkinder sind. Eure Ärzte erkennen dies leider oft nicht richtig und behandeln sie nicht richtig. *Vermeidet Medikamente bei euren Kindern für diese Ausdrucksform! Ihr werdet sie damit in ihrem Sein nicht beruhigen.*

Wie kann ich Ihnen behilflich sein in Zeiten von Verwirrung und Chaos?

Eure Kinder, sie haben diese Formen bereits verstanden. Gebt ihnen den Ausgleich, indem ihr sie stets mit Liebe, Harmonie, Respekt und Achtung behandelt. Beantwortet unbedingt ihre Fragen stets mit eurer ganzen *Wahrheit* und *Klarheit*. Eure Lehranstalten, ihr würdet sagen, es langweilt sie. Sehr viele Aspekte in euren Lehranstalten langweilen sie. Ihr deutet dies oft als Lernblockaden oder Verweigerung. Gebt ihnen den Raum für ihr altes großes Wissen. Seid stets für sie da. Gebe ihnen den Raum für die Aktivierung ihres großen alten Wissens. Habe Geduld, es geschieht. Dies gilt für euch alle: Habt Geduld und seid für sie da. Es ist oftmals nicht leicht für sie in ihrem Umfeld und in euren Lehranstalten ihr großes Wissen, das sie in sich tragen, zu leben.

Oftmals sind sie bereits in der Lage, mehrere Dinge gleichzeitig wahrzunehmen. Ihr nennt dies Reizüberflutung. Gebt ihnen stets das Gefühl der Geborgenheit, Verständnis und Respekt. Beantwortet ihre Fragen stets nach eurer Wahrheit und Klarheit und seid offen für ihre Fragen. Seid auch offen für *ihre Lehren*. Sie sind oft ein Spiegel für euch! Behandelt sie stets mit Respekt und Achtung. Darum habt mit ihnen Geduld. Eure Kinder leben nicht im Chaos, sie haben dies bereits verstanden. *Sie sind die Lösung dafür.* Ihr werdet es sehen!

Ich kann mir deinen Namen so schwer merken!?

ICH BIN Vywamus. Es ist ein Schwingungsname, angepasst an euren Planeten.

Ich habe gelesen, dass einige Menschen sich komplett von Licht ernähren, das heißt keine Nahrung, sondern Prana seit Jahren in sich aufnehmen. Kann das sein?

Ja, denn wie möchtest du deinem höheren Selbst Nahrung zukommen lassen? Wie möchtest du es „füttern"? Welche Nahrung möchtest du diesem goldenen Engel zukommen lassen? Dieser goldene Engel lebt von einer hohen, goldenen Nahrung, dem Licht. Dieses Licht beherbergt alle Nahrung, die ihr im Licht braucht. Es ist die Liebe - die bedingungslose Liebe. Der physische Körper ist eine große Schöpfung des alles beseelenden Geistes. Er bedarf der dichteren Nahrungsaufnahme. Je höher ihr schwingt, desto weniger bedarf es der dichteren Nahrung. Es bedarf sehr viel Gedankenkraft.

Eure Zellen sind Akkumulatoren, sowohl oben, als auch unten, so wie innen als auch außen. Ihr seid Katalysatoren und Akkumulatoren für die Erde. Dasselbe sind eure Zellen in euch. Sie speichern das Licht. Das Licht ist eure Nahrung. Je dichter der physische Körper in der Materie schwingt, desto dichter ist das Licht eurer Nahrung und ihr habt auf diesem Planeten sehr viel Lichtnahrung.

Ihr könntet alle nicht ohne Licht leben.
Ihr seid Licht.
Ihr lebt im Licht.
Ihr atmet Licht.
Ihr seht Licht.
Ihr fühlt Licht.
Und Ihr sehnt euch nach dem Licht.
Es ist das Licht und die Liebe.
Es ist eure Nahrung.

Der Tag ist noch nicht im JETZT, aber er wird in eurer linearen Zeit kommen, da ihr diese Form der dichteren Nahrung nicht mehr benötigen werdet. Alles ist eine Form der Schwingung. Einige Menschenkinder sind bereits in dieser hohen Schwingung. Es ist die Form der Umprogrammierung.

Diese Menschenkinder, sie haben es verstanden und lehren es bereits. Die Umprogrammierung der Zellen, Kraft ihrer Gedanken. Haltet für euch die Dinge einfach. Kraft der Gedanken, eurer Gedanken, transformiert in euch jeden negativen Gedanken. Gewiss dies ist in der Dualität oftmals sehr schwer. Überwindet die Dualität. Ihr habt alle Zeit - alle Zeit des Lichtes, das JETZT. Stoppt auch den Alterungsprozess mit eurer reinen und ganzen Absicht, Kraft eurer Gedanken und beginnt die Umprogrammierungen eurer DNS. Doch geht damit weise um! Es wird geschehen. Ihr seid der Katalysator für das Licht. Und dafür lieben wir euch.

Ich habe eine Frage: Oftmals meldet sich etwas, was ich als Ego identifiziert habe. Eigentlich höre ich gar nicht mehr so oft darauf. Ist das richtig so?

Höre auf dein Ego, höre auf dein Ego! Es ist wichtig. Du erlebst eine Form der Transmutation. Es ist die Form der Integration, es ist ein Teil von dir, es ist ein wunderbarer Teil von dir. Integriere es, sprich mit ihm. Lasse es zu, es ist ein Teil von dir, lasse dein "ICH BIN" zu, lass dein ganzes Sein zu. Akzeptiere jedes einzelne „Sein". Akzeptiere jeden einzelnen Kraftpunkt, jedes einzelne Chakra. Akzeptiere deine Gedanken.

ICH BIN immer bei euch, umgeben in allen Formen des Seins. Ihr spürt das, immer mehr. Nennt mich das, was in eurer physischen Welt ein Helfer für euren Geist ist. Ich kann euren physischen Geist verstehen, ich kann eurem physischen Geist in diesem Transmutationsprozess helfen, es ist meine große Aufgabe. Ich habe darin eingewilligt. Seht, die Transmutation, auch ich habe sie durchlebt. Rufe mich, wann immer dein Verstand Hilfe benötigt, denn oftmals schmerzt er euch am meisten, nicht wahr? Euer Verstand, nicht euer Kopf. Es ist der Verstand. Das, was ihr Ego nennt, es ist wichtig, es zu integrieren. Kämpft nicht dagegen an. Integriert euer Ego in all eurem Sein. Es ist zwecklos dagegen anzukämpfen. Akzeptiere und integriere es. Dies ist der Beginn des multidimensionalen Seins.

Kannst du mir einen Tipp für den Transmutationsprozess nennen?

Es ist die Integration aller Gefühle, aller Emotionen. Die Integration aller niederen Formen in Verbindung mit den höheren Formen. Alle niederen Formen, sie werden ausvibriert, dennoch lasse sie zunächst zu. Du kannst sie nur zulassen, wenn du sie ausvibrierst. Lass all dies zu. Niedrige Schwingungen sind oft verbunden mit der Erde, sie sind nicht niedrig. Sie sind genauso hoch, wie alles was von oben kommt. Ihr seid der Katalysator für diese Energien. Ihr habt in dieser physischen Welt die Sexualität, auch sie ist ein Katalysator. Dies ist wichtig, um den Ausgleich zu finden, den Ausgleich der Kraftpunkte (Chakra) zu finden, auch in der Basis zu finden (Wurzelchakra). Ihr benötigt dies.

Stellt euch vor, hinter diesen vielen Empfindungen steht ein sehr starkes Bedürfnis. Dadurch entsteht in euch oftmals ein sehr starker Druck. Dieser wird abgebaut und es müssen nicht immer niedere Emotionen sein. Dies dient für euch, auch die Freude zu erfahren. Es ist von großer Wichtigkeit und großer Bedeutung für euren physischen Körper. Darum lasst all dies zu. Es wird der Zeitpunkt kommen, an dem er auch dies nicht mehr benötigen wird. Doch zuvor lasst all dies zu und lasst es fließen. Beendet den Kampf mit eurem Ego, denn ihr könnt ihn nicht gewinnen. Während eures Transformationsprozesses bewegt ihr euch physisch, mental, emotional und auch spirituell auf verschiedenen Ebenen. Doch vernachlässigt niemals euren physischen Körper. Vernachlässigt nicht euer Ego. Ihr springt während dieses Transformationsprozesses in verschiedenen Ebenen. Zunächst in den physischen Transformationen und später in den feinen, feinstofflichen Transformationen. Darum ist es so wichtig, euer Vierkörper-System zu integrieren und mit ihm zu kommunizieren. Gebt niemals nur eine Kraft in nur einen eurer Körper. Integriert und kommuniziert mit all euren Empfindungen. Seid euch eures physischen Lebens bewusst.
Ich werde mich nun zurückziehen.

**Ich segne Euch mit meinen Erdenergien in meiner Dreifaltigkeit.
Im Namen Vywamus, des planetaren Logos und Sanat Kumara**

Saint Germain
**Atlantis, die violette Flamme
und die violetten transformatorischen Strahlen**

*Aus den Reichen
des Lichtes und der Liebe grüße ich
ich euch, meine geliebten Kinder, mit meiner
violetten Flamme der Transformation.
ICH BIN Saint Germain.*

Ich freue mich, hier in eurer Mitte zu sein. Meine Lieben, die Transformation, sie schreitet immer mehr voran. Überall auf der physischen Erde, immer mehr und immer mehr. Dennoch, wir sprachen bereits darüber und wir werden darüber sprechen. Immer mehr. Achtet auf das große geteilte Land (Amerika). Achtet auf das große geteilte Land. Denn wisst eins: Ein Teil dieses Landes gehörte auch einmal zu dem, was ihr Atlantis nanntet. Viele alte Dinge kommen hoch. Auch die alten Dinge aus dem Teil, den ihr Atlantis nanntet. Sendet viel Licht und viel Liebe an das große geteilte Land. Sendet es an die Machthaber. Sendet es an euer höheres Kollektiv. Denn seht, die Kräfte sie sind unten sowie oben. Es ist ein kosmisches Gesetz: Sowohl oben als auch unten. Sendet viel Licht an das große Kollektiv (aller Menschen) und an das große geteilte Land. Sendet viel Licht und viel Liebe an die vier Länder, welche ein Quadrat bilden in der Mitte des Ostens. Sendet viel Licht und viel Liebe in diese Länder. Vieles habt Ihr bereits vereitelt, oh ja, vieles, in diesem großen Land, in diesem großen Land. Sendet sehr viel Licht, Liebe und Ausgleich in dieses große Land. Die Transformation, sie findet statt. Achtet darauf. Viele positive Dinge werden sich entwickeln. Achtet darauf. Bittet, bittet um Licht, um viel Licht für diese Bereiche. Sendet das Licht auch an die Machthaber in diesen Bereichen und ihr werdet sehen, was geschieht. Arbeitet mit dem Licht. Dies ist ganz wichtig ... Ihr habt die freie Wahl. Die Dinge, sie verändern sich. Deshalb sendet nur gute Gedanken in diese Bereiche und es wird geschehen. Und wieder einmal werdet ihr sehr viele Dinge vereiteln. Habt nur gute Gedanken für diese Bereiche in eurer physischen Welt. Die wunderbare physische Welt.

Achtet auf das Land, das ihr Ägypten nennt. Es werden viele Dinge geschehen. Achtet auf die Dinge, die gefunden werden und bittet, bittet uns, sie mögen in die richtigen Hände gegeben werden.

Meine Lieben, ich freue mich, dass ich euch eine Botschaft übermitteln kann, die uns über alle Maßen freut. Das Licht in der Welt, meine Lieben, es leuchtet und leuchtet immer mehr. Es ist viel passiert. Ihr habt gute Arbeit getan, sehr gute Arbeit. Habt gute und positive Gedanken, arbeitet mit positiven Gedanken. Es lohnt sich und es wird sich lohnen. Sehr viele Menschenkinder haben ihr Wissen und ihre Bitten an das gesamte Kollektiv weitergeleitet. Es ist mehr Licht in diese Welt gekommen. Es ist so viel passiert. Es sind so viele Dinge vereitelt worden. Sie waren geplant, ihr habt sie vereitelt. Dafür lieben wir euch und wir danken euch. Wenn ihr nur sehen könntet, wie stark das Licht geworden ist. Diese Botschaft, meine Lieben, geht um die gesamte Welt, denn sie ist wichtig. Arbeitet, habt gute Gedanken auch zu euren Machthabern. Sendet viel Licht an euer höheres Kollektiv und im tiefsten Innern, meine Lieben wisst ihr alle, wovon ich spreche.

Denn wir kennen uns zum Teil seit längerer Zeit.

Viele Dinge werden geschehen, sehr viele positive Dinge. Es kommt eine große Zeit auf euch zu. Die Zeit des Lernens ist vorüber. Die Zeit des Lehrens beginnt, meine Lieben und ihr spürt es in euch, jeder Einzelne. Große Zeiten werden kommen. Arbeitet nur mit dem Licht und mit positiven Gedanken, denn nur durch sie ist all dies transformiert worden.

Und wer wird sich mit Transformation besser auskennen als ich? (alle lachen)

Die Zeit sie ist im JETZT, die große Zeit der Transformation. ICH BIN Saint Germain, ICH BIN im JETZT. Sie kehrt zu euch meine Lieben, erfahrt sie. Sie kehrt zu euch, erfahrt sie. Und wer kennt sich besser aus mit Transformation als ich, Saint Germain. So viele Fragen werden beantwortet durch die Transformation. Der Weg führt euch durch das JETZT. Ihr braucht nur meinen Namen zu rufen oder an mich denken - ICH BIN da bei euch. Ich werde alles Erdenkliche für euren Weg der Transformation für euch ermöglichen.

Arbeitet, transformiert, beginnt in euch meine Lieben, denn ihr seid der Schlüssel, der Katalysator. Fangt bei euch an. Ihr wisst es, viele Dinge kommen im Moment hoch, auch in euch! Viele Dinge sind geschehen auf der Erde. Auch die Erde ist am Transformieren. Auch sie ist mal zornig und weint auch manchmal. Ihr habt es gesehen. Habt positive Gedanken, denn ihr lebt in einer Symbiose mit der Erde. Seid euch darüber immer wieder bewusst! Und so wie ihr auch mal weint und auch mal zornig seid, so ist es auch die Erde. So wie ihr den Wunsch habt, unschöne Dinge loszuwerden, so geht es auch der Erde. Gebt Heilung an dieses wunderbare Lebewesen, mit dem ihr in Symbiose zusammenlebt, meine Lieben. Gebt Heilung an euch und auch an Mutter Erde. Arbeitet mit dem Licht. ES WERDE Licht!

Als wir uns das letzte Mal trafen, erzähltest du mir, dass ich aus Atlantis komme und auch in einer Art Delphinarium gewesen bin und mit Delphinen gearbeitet habe. Wozu war es da?

Mein liebes Kind, die Frage kann ich dir sehr gut beantworten, denn ich war ein Priester auf Atlantis. Es war ein großes kugelförmiges Gebäude. Es war kein „Delphinarium" so wie du es dir vorstellst im Moment. Viele, sehr viele Menschenkinder kamen dorthin, um die Ruhe und Anbindung zu finden. Du warst eine der Priesterinnen. Dieser Tempel diente der Anbindung, des Ausgleiches und der Heilung. Habt ihr einmal beobachtet, wie Delphine sich bewegen? (Saint Germain bewegt die Hände „wellenförmig").

Habt ihr es beobachtet? Es steckt so viel Weisheit in diesen hochinkarnierten Seelen. Es steckt viel Heilung in der Bewegung und Sprache der Delphine. Ja, leider hört ihr nicht mehr zu. In Atlantis brauchte man sich nicht zu erinnern, man lebte in der Gewissheit. Man war sich seiner Anbindung und Inkarnation bewusst, meine Lieben. Da man sich dessen bewusst war, konnte man sich direkt anbinden, dort wo man hergekommen ist und dort wo man ist. ICH BIN. ICH BIN EINS MIT ALLEM. Die Menschenkinder waren sich auch bewusst, welchen Ausdruck sie auf der Erde hatten. Und die Anbindung fand in diesem großen Tempel statt. Ihr werdet noch sehr viel erfahren über diese wunderschönen Wesen, die ihr Delphine und Wale nennt. Ihr werdet Möglichkeiten der Anbindung finden und werdet wieder ihre Sprache verstehen, denn sie ist für euch lebensnotwendig. Ich wiederhole es, lebensnotwendig. Die Schwingung und Anbindung dieser Sprache wird euch auf höhere Bewusstseinsebenen führen. Deine Aufgabe, mein Kind, war es, die Menschenkinder zu betreuen. Und auch du wirst dieses alte Wissen wiederentdecken.

Warum bin ich/sind wir auf diesen Planeten Erde?

Ihr wart alle in so vielen, vielen Leben. Ihr habt Hauptaspekte, warum ihr hier auf der Erde seid. Zu diesen Hauptaspekten gehören auch nun mal Daseinsformen auf Planeten. Die Anbindung, über die ich sprach, mein Kind, du hast das Wissen, sie zu berechnen. Es wird dir wieder einfallen. Das hat nichts mit der Mathematik zu tun, die du gelehrt bekommen hast. Nenne es Lichtmathematik (alle lachen). Sie wird interessanter sein! Beschäftigt euch mit der Lichtmathematik, ihr werdet mehr darüber erfahren! Es sind die Gesetze der Schwingung, Töne und Farben.

Du sprachst und hast uns aufgefordert zu arbeiten mit dem Licht, ich will es sehr gerne tun, das heißt, ich tue es auch sehr gerne. Ich wende die energetische Heilung an, aber ich fühle mich noch relativ erfolglos damit. Kannst du mir einen Rat geben, wie ich das ändern kann?

Mein Kind, du lebst es. Könntest du es mit meinen Augen sehen, das Licht, das du in die Welt gebracht hast, dann würdest du nicht von Erfolglosigkeit sprechen. Mein Kind, bitte mich und bitte den alles beseelenden Geist (*Gott Vater*), bitte, dass die Menschenkinder den Weg zu dir finden. Sei dir der Arbeit bewusst, die auf dich zukommt. (alle lachen) Darin steckt deine Erfolglosigkeit, mein Kind, das, was du als erfolglos bezeichnest. Denn du bist nicht erfolglos! Sie werden kommen. Mein Kind, wir kennen uns. Du hast den Status eines spirituellen Lehrers. Gehe den Weg, wir laden dich dazu ein und du wirst ihn gehen, oh ja! Es ist deine Wahl, etwas sehr Großes entstehen zu lassen. Prüfungen werden auf dich zukommen. Bitte, dass die Menschenkinder zu dir kommen werden. Sie werden kommen in Scharen, sie werden anstehen. Tu es, trau dich. Es ist bereits im Jetzt!

Wir kennen uns, mein Kind, aus der Zeit einer Inkarnation, da ich Merlin war. (Schaut auch alle Merlin-Teilnehmer *an [es sind zwei anwesend]*.

(Saint Germain, lächelnd, sich freuend): Mein Kind, willkommen im Reich der Runen! Ja, es war eine große Zeit! Zu deinem Wissen, mein Kind, aktiviere auch das Wissen der alten Heilkräuter. Die alten Heilkräuter! Viele wachsen nicht mehr in euren Wäldern. Lasst es wieder zu!

Ich lehrte euch in meiner Ausdruckform und Inkarnation Merlin das Wissen über Runen, Symbolik und Heilkräuter. Wir studierten die höhere Astronomie.

Ist meine Verbindung zwischen meiner spirituellen Entwicklung und meinem Beruf, wie ich sie mir vorstelle so gut?

Was glaubst du im Moment, was dich hindert? Ein Aspekt, den ihr Zeit nennt, dass du zu wenig Zeit hast. Im JETZT mein Sohn hast du alle Zeit. Nutze die Zeit, wenn du mit ihnen sprichst. Gehe nach außen mein Sohn, denn du bringst sehr viel Licht in die Welt. Auch wir kennen uns. Du trägst das Wissen, großes Heilwissen in dir. Das große transformatorische Heilwissen. Und ICH BIN Experte darin! Du kannst es, mein Sohn, und hast es bereits gelernt, viele Male, viele Male gelernt. Der höchste Aspekt ist der schöne geteilte Kontinent Atlantis, auf dem warst du. Du warst auf dem Teil, auf dem das Kollektiv sehr groß war. Du hast das Wissen eines großen Heilers, das Wissen der transformatorischen Strahlen. Arbeite mit diesen Strahlen. Benutze deine Hände. Lege sie niemals auf, wenn du die transformatorischen Strahlen einsetzt. Ich wiederhole es mein Sohn, weil es sehr wichtig ist: Lege sie niemals auf! Visualisiere dir das alte Wissen über die transformatorischen Strahlen und großes wunderschönes violettes Licht. Du hast das Wissen, einen Körper abzuscannen. Bitte mich um Führung dabei, ich werde dir helfen, doch lege deine Hände niemals auf den Körper, denn die Kräfte sind zu stark bei violett. Sie werden dafür sorgen, dass viele Dinge, die nicht schön sind, transformiert werden. Du hast dies früher angewandt bei Menschenkindern, die vom Weg abgekommen sind. Du hast sie damit ausgeglichen mein Sohn. Man brauchte damals nicht einzugreifen und auch nicht zu töten. Man hat sie damit ausgeglichen und geheilt.

[Anmerkung: Saint Germain meint, dass die geistige Lichtwelt nicht zu diesem Zeitpunkt auf Atlantis eingreifen musste, weil Menschen die töteten und auch solche Absicht hatten, in den Tempel(n) durch die transformatorischen Strahlen von Ihren unguten Taten oder Absichten geheilt und ausgeglichen wurden. Dies geschah stets im Einvernehmen mit dem „Täter")

Verstehst du, mein Sohn, welche Zeiten auf Euch zukommen, welches Wissen du in dir trägst? Visualisiere es mit deinen Händen. Große Hoffnung und Gnade fließen durch deine Hände. Du hast dieses alte Wissen arbeite damit.

Viel Wissen über die großen violetten Kräfte, du trägst es in dir. Du trägst es in deinen Händen, das alte Wissen des goßen Ausgleichs. Du trägst es in dir. Große transformatorische Heilkräfte in deinen Händen. Du, mein Kind, heiltest zu jener Zeit in den Tempeln in Atlantis. Du sorgtest mit anderen Priestern für den Ausgleich für alle Menschenkinder, die vom Weg abgekommen sind, sie wieder in die richtigen Bahnen zu bringen. Aus diesem Grund gab es für lange Zeit in Atlantis keine niederen Gedankengänge. Man kam und wurde ausgeglichen. Ich lehrte es in dem großen Tempel der violetten Flamme. Dieses Wissen trägst du in dir. Und auch du hast sie geheilt, all jene, die dich aufsuchten. Alle Menschenkinder wussten, wenn der Zeitpunkt kam und sie Hilfe benötigten, gingen sie in den Tempel des Ausgleichs. Und wisst meine Lieben: Auch diese Zeit wird sich wiederholen! Es geschieht. Sehr viele Menschenkinder bedürfen des Ausgleichs.

Du sprichst von Ausgleich. Was meinst du mit Ausgleich?

Der Ausgleich: Alles ist in Schwingung. In Atlantis durfte es keine niedrige Schwingung geben. Seht, die Kristallformen, sie waren sehr groß. Die Kräfte der Kristalle waren sehr groß. Und eure Kristalle, sie werden sich ändern. Sie werden noch stärker werden, als die Kristalle in Atlantis. Die kristalline Form, sie war eine andere. Die Kräfte, sie waren gekoppelt an euren Gedanken. Ihr bekamt sehr viel Hilfe. Ihr könnt euch sehr schwer vorstellen, wie stark und wie groß diese Energie war. Sie ist es noch. Es war kein Platz für negative Gedanken. Und wenn ein Menschenkind negative Gedanken verspürte, bedurfte es des Ausgleichs. Es wurde ausgeglichen. Es kam freiwillig in den großen Tempel. Es gab sehr viele Tempel, aber nur einen großen dieser Art zu dieser Zeit. Sie wurden ausgeglichen. Es waren violette Strahlen. Sie hatten dabei keine Angst, denn sie wussten, der Ausgleich der negativen Gedanken fand durch die violetten Strahlen statt. Sie verspürten danach keine negativen Gedanken mehr. Denn seht, niemals durften negative Gedanken Kristalle beherrschen. Es wurden dennoch in späterer Zeit sehr viele Dinge, insbesondere die Kristalle missbraucht. Sehr vieles ist geschehen. Die transformatorischen Kräfte, die violetten Strahlen, sie wurden missbraucht. Alles wurde instabil. Aber alles geschah mit eurer Zustimmung. Es geschah mit eurer Zustimmung des höheren Kollektivs. Es wollte dies lernen. Die Kräfte, sie gerieten außer Kontrolle. Dies, meine Lieben, wird niemals wieder geschehen. Ihr tragt das Wissen in euch. Euer höheres Kollektiv trägt dieses Wissen in sich. Es hat gelernt. Ihr habt gelernt. Nun seid Ihr wieder hier, um zu heilen. Ihr tragt keine Schuld. Transformiert diese alte Schuldform! Ihr seid zum größten Teil hier, um zu heilen. Das Wissen über die transformatorischen Strahlen, du trägst es in dir.

Ich war dein Vorgesetzter. Es war der Tempel meines violetten Lichtes. Er war auf dem anderen Teil von Atlantis, auf dem das hohe Kollektiv war.

Wer war auf dem anderen Teil?

Die Aspekte, inkarnierte Menschenkinder, die sich entschlossen hatten, die leichteren Tätigkeiten durchzuführen. Sie erkannten aber sehr rasch, dass dem nicht so war, denn in Wahrheit hatten sie die schwere Arbeit gewählt.
Es kam zur Eskalation. Viele Dinge sind eskaliert. Ihr habt daraus gelernt und wir haben daraus gelernt. Die Quelle ALLEN-SEINS hat daraus gelernt. Es wird auf diesem Planeten nicht mehr geschehen. Arbeitet mit Licht. Transformiert. Benutzt mich! (alle lachen)

In einer Pyramide wurde eine Grabkammer gefunden, kannst du uns sagen, ob da etwas darin ist, was für uns interessant ist.

Mein Kind, ich könnte dir so vieles erzählen über die Pyramiden. Ich werde es aber begrenzen, da es direkt in das Leben der Anwesenden eingreift. Es werden Vorkammern gefunden. Ihr werdet erkennen, dass es sich nicht um alte staubige Gebäude handelt. Ihr werdet erkennen, dass es sich um Kraftzentren handelt. Und ihr werdet es sehen, ich betone: Ihr werdet! Das ist eure freie Wahl, ihr werdet sie als Licht sehen. Es werden nun Vorkammern gefunden werden, mit Geschenken.

Was sind das für Geschenke?

Es werden Kristalle gefunden werden. Es wird eine Zeit lang dauern, bis ihr sie dekodiert haben werdet.

Die Glasschädel vielleicht?

Nein, es ist noch nicht soweit mein Kind, nein. Gewisse Geschenke mein Kind muss man sich auch erarbeiten. Versteht ihr? Aber sie kommen. Ihr werdet in den Vorkammern Kristalle und Schriften finden. Und ihr werdet euch wundern, denn diese Schriften haben nichts damit zu tun, was ihr kennt. Nicht die, die sonst zuvor an die Wände gekritzelt wurden, durch Unwissenheit. Große Dinge gehen von dieser Pyramide aus. Und ich darf behaupten, denn ich, Saint Germain, habe das Wissen über die höhere Mathematik, es ist das größte Kraftzentrum auf der Erde.

Frage/Feststellung: Vermuten tun wir das ja alle, nur Wissen tun wir es nicht so genau.

Es wird nicht lange dauern und aus der Vermutung wird großes Wissen. Aus großem Wissen werden große Lehren entstehen. Große Lehren brauchen große Lehrer. Es gibt auf der Ebene ALLEN-SEINS noch Teilbereiche, die noch nicht im Licht sind. Sie benötigen Lehrer. Im Moment seid Ihr auf der Zwischenstufe. Die Menschheit steht auf der Zwischenstufe.

Wann beginnt die nächste Stufe? Weiß man das schon?

Sie fließt ineinander über, die Stufe vom Schüler zum Lehrer, vom Lehrer zum Meister. Ja, IHR werdet SIE lehren mit eurem WISSEN und ihr werdet die VERANTWORTUNG tragen können. Darum bittet, bittet. Ihr habt auf dieser Erde noch so viele unschöne Dinge. Bittet. Ihr habt auf dieser Erde, diesem wunderschönen Lebewesen, noch Gifte. Bittet um Transformation für die Erde. Ihr könnt es euch nicht vorstellen, wie viele Wesen, wie viele Erdenmenschen um euren Planeten sind, wie viele Lichtschiffe. Ja, man kann behaupten, ihr steht im Rampenlicht! *(alle lachen)*

Alles guckt auf uns?!

Ja, mein Sohn, denn alles schaut immer aufs Licht. Habt ihr die Tiere beobachtet nachts, die kleinen Insekten? Sie fliegen alle zum Licht.

Frage und Diskussion: Wir sind das Licht? Ja wir sind das Licht!

Ihr seid nicht immer das Licht. Hört auf meine Worte, ich lehre dies in Erdenjahren schon seit Jahrtausenden:

Ihr habt die ERMÄCHTIGUNG zur Transformation! TRANSFORMATION. Ihr seid auch Hoffnung. Hoffnung ist Heilung. Heilung ist Hoffnung. Ihr seid die Lichtträger und dafür lieben wir euch. Aber seid auch die Lichtträger in euch selbst. Seid die Lichtträger auch auf diesem Planeten, auf diesem wunderschönen Lebewesen, mit dem ihr in Koexistenz lebt. Versteht ihr die Dinge. Versteht ihr das feine Licht, das aus dem Dunklen kommt, das feine Licht? Ihr seid die Lichtengel. Dies ist die wahre Botschaft. Wir sprachen bereits darüber. Ich spreche im JETZT darüber.

Ich möchte gerne mehr über Kristalle erfahren. Welchen Weg kann ich am besten beschreiten?

Welche Kraft eines Kristalls möchtest du wissen? Mein Kind, suche dir einen Kristall deiner Wahl. Transformiere ihn und reinige ihn und gebe einen schönen Gedanken hinein. Dann nimm diesen Kristall und gebe ihn einem Menschenkind deiner Wahl. Lass das Menschenkind in den Kristall hineinhören. Es soll tief hineinhören. Es wird sich mit diesem Kristall unterhalten und dir deinen angebrachten Gedanken nennen. Verstehst du? Verstehst du die Kräfte der Kristalle? Ihr braucht dies alles nicht mehr, alle die ganzen Drähte. Ihr werdet sie nicht mehr benötigen. Ihr werdet auch nicht mehr diese Maschinen, Computer und Kommunikationsgeräte, alle diese großen und kleinen benötigen. Es sind alles Kristalle, ihr habt es nur noch nicht erkannt. Das Vertrauen, auf einen Kristall zu hören ist noch nicht so groß, sodass ihr noch die kleinen Tasten benötigt. Versteht ihr die Kräfte, die inne ruhen in einem Kristall?

So richtig noch nicht!?

Ich verrate es dir: All dies sind die Kräfte eines Kristalls (zeigt eine Kugel). Kommen wir nun zu deinen Kräften. Meine eingehende Frage: Welche Kraft möchtest du wissen? Deine Kraft, eure Kraft, liegt darin, sie zu programmieren! Es ist eure freie Wahl und es gab unschöne Zeiten, meine Lieben, da wurden unschöne Gedanken in solche Kristalle gesetzt. Aus diesem Grund und nur aus diesem Grund meine Lieben, wurde vom Kollektiv beschlossen, die Daseinsform von Atlantis zu verhindern. Dies geschah zu eurem Wohl und in eurer Absicht und eurem Einverständnis. Alles in allem. Ihr habt die ERMÄCHTIGUNG, aber noch nicht das Wissen, Kristalle zu programmieren. Gebt Gedanken hinein, übt, gebt sie weiter, lasst jemand anderen hineinhören! Ihr erlebt die Wirkung, denn ihr tut nichts anderes die ganze Zeit mit euren Maschinen.

Du sagtest Atlantis ist verändert worden. Heute denken wir ja, dass es Atlantis nicht mehr gibt. Inwiefern wurde es verändert?

Die DASEINSFORM von Atlantis: Sowohl der linke als auch der rechte Teil, sowohl oben als auch unten, alle DASEINSFORMEN wurden verändert. Zum Teil ging Atlantis physisch unter. Große Kräfte wirkten, höhere Mathematik, Atlantis ging für euch physisch unter. Aber es ging niemals unter. Denn seht, die Pyramiden, sie sind noch immer da. Sowohl physisch, als auch kausal, als auch im Ätherbereich. Atlantis ist noch da. Aber es ist für euch nicht mehr von großer Bedeutung. Das ist die alte Energie, meine Lieben. All euer Wissen von Atlantis, ihr habt es immer mitbekommen. Ob ihr in Inkarnationen auf Atlantis wart oder auch nicht, dies gilt für alle Menschenkinder. Sie haben sehr viel von und über Atlantis gelehrt bekommen, all die Zeit. Alte Energie bedarf nun der Transformation. Mein Kind, alte und neue Energie stoßen aufeinander. Das alte Erlebte kommt nun in euch hoch, all die Zeit. Transformiert es. Bittet mich darum. Heilt mit Kristallen, denn Gedanken können auch heilen. Verstehst du? Versteht ihr?

Ihr glaubt, eure lineare Zeit zerrinnt? Ihr glaubt, ihr werdet alt? Ich sage euch: Diese Zeitform rast! Ich sage euch, ihr braucht nicht mehr alt zu werden. Ihr werdet erkennen, dass die Zeit weder rast, noch zerrinnt. Ihr werdet eine Zeit erleben, eine neue Definition von Zeit, die ihr jetzt noch nicht versteht. Die Definition lautet: Das JETZT. Das ist die schönste Zeitform, auch höhere Mathematik. Es ist alles in einem.

Ich suche nach mehr Raum, um mehr zu meditieren. Das wünsche ich mir. Ich finde teilweise dazu keinen Zugang, Zeit?

Wir sprachen bereits darüber über die Zeit. Es hat mit deinem Beruf zu tun, mein Sohn. Bitte, und du wirst die Zeit bekommen. Bitte mich. Binde dich an, an die geistige Lichtwelt. Binde dich an, an den alles beseelenden Geist (Gott Vater) und bitte uns um Zeit. Bitte uns um Geduld. Bitte uns um Hingabe in der Meditation. Und glaubt mir alle, inklusive dieses Mediums, glaubt mir alle, dies ist der wichtigste Punkt: Die HINGABE zur Meditation. Wie oft habt ihr euch dabei erwischt! Ihr braucht nichts dazu zu sagen. (alle lachen)

Es wurde bereits schon darüber gesprochen. Es wurde bereits darüber gesprochen. Atmet tief, egal was in eurer Umwelt passiert, egal. Atmet tief und hört in euch hinein und schon meditiert ihr! Es ist so einfach. Nutzt die Zeit. Nutzt die Zeit. Arbeitet nicht mit Zeremonien. Trefft euch. Ihr habt schon immer in Kreisen gesessen. Setzt euch in Kreise, meditiert, gebt Heilung an Mutter Erde, gebt Heilung an alle Menschenkinder. Arbeitet nicht mit Ritualen, mit umständlichen Dingen, tut es einfach. Verstehst du mein Sohn? In jeder Situation und es gibt so viele Situationen. Oftmals genügt auch ein Gedanke. Gute Gedanken. Gedanken können schlimme Dinge vereiteln! Es muss nicht immer die Meditation sein. Positive Gedanken vereiteln Dinge. Eine Meditation mit mehreren Menschenkindern potenziert sie! Sie potenziert das Licht!

Die Frage, die ich habe, was kannst du mir zu meinem Ursprung sagen? Also zu der Essenz, was ICH BIN, welches Wesen bin ich? War ich einst ein Engel oder ein Elohim? Was bin ich?

Zunächst, mein Kind, - du bist, die du bist. Wie alle Menschenkinder, mein liebes Kind, bist auch du ein großer goldener Engel. Ihr alle Menschenkinder seid große goldene Engel! Ihr seit geliebt, für all die Dinge, die ihr vollbringt. ICH BIN Saint Germain, ICH BIN auch dein Geistführer. Ich lehre dich den Weg der Transformation, denn siehe, sehr große Reisen haben stattgefunden. Sehr viel bist du gereist. Die großen Reisen, sie werden die großen Andromeda-Reisen genannt. Ein sehr großer Aspekt mein Kind! Du hast den Status eines spirituellen Lehrers - eines großen spirituellen Lehrers. Ja, gereist bist du, sehr viel in den großen Kreisen der Andromeda. Und all das Wissen aus den Sternen, aller Sternenkinder, du trägst es in dir. Die große Wahrheit, die große Klarheit - du bist, die du bist. Und du bist hier im JETZT. Aber nicht zum ersten Mal ... oh nein. Du warst so viele, viele Male hier auf dieser Erde, denn du wolltest lernen, die Wahrheit und die Klarheit aus all den Aspekten hier zu integrieren auf dieser Erde. Es ist dir stets gelungen und es gelingt dir nun, auch im JETZT.

Die Wahrheit und die Klarheit und die Reinheit, dies waren stets deine Lehren, vor all den großen Reisen. Du hast eingewilligt, diese Wahrheit und diese Klarheit und die Reinheit hier in dem physischen Bereich dieser Erde zu leben und dies weiterzugeben. Aus diesem Grund, bin ich Saint Germain - immer dein Geistführer, denn der Weg führt immer durch die Transformation. Deshalb bin ich bei dir, jederzeit. Mein Kind du hast so viele Aspekte. Der größte ist der, des immerwährenden Lehrers auf diesen großen Andromeda-Reisen. Dieses Wissen, es wird mehr und mehr aktiviert. Und du wirst es hier in der physischen Form erleben und du wirst es leben. Sehr vieles wird geschehen mein Kind, oh ja. Doch die Transformation, sie ist vonnöten. Ja, ein großer Engel bist du, ein großer spiritueller Lehrer! Du wirst es mehr und mehr abrufen, dieses alte Wissen, doch der Weg führt durch die Transformation. ICH BIN bei dir. Konntest du dies alles aufnehmen? Gewiss, es ist sehr viel! Frage mich!

Ja, ich verstehe nicht, in welchen Ebenen ich mich noch befinde - mir wurde einmal gesagt, dass ich mich von mir selbst getrennt habe und ich habe nicht verstanden, welche Teile von mir auf welchen Ebenen sich befinden und wie die Verbindung zu diesen Teilen ist und wie man es unterteilen kann, ob es nun mein höheres Selbst ist, meine Seele, mein Körper mein Ego. Wie ist das Verhältnis und die Verbindung auf den Ebenen zueinander?

Eine sehr weise Frage! Mein Kind, alles ist eins. Um es dir besser verdeutlichen zu können: Auch ich habe es erlebt in meinen Inkarnationen. Ihr alle habt euch getrennt. Ihr habt eingewilligt zu diesem großen Plan. Ihr habt euch getrennt von diesem großen goldenen Engel. Ihr habt euch getrennt aus dem großen All-in-Eins, aus dem großen Kollektiv. Und ihr habt den Schleier des Vergessens bekommen. Ihr wolltet mit diesem Schleier leben. Euer Vertrag, eure Aufgabe ist eine wunderbare Aufgabe, den Weg nach Hause zu finden. Um den Weg nach Hause zu finden, bedarf es der Transformation. Ihr habt auch einen Verstand, den Ihr EGO nennt. Er hindert euch ziemlich oft. Deshalb, mein Kind, ist die Transformation vonnöten. Ihr werdet alle den Schleier lüften. Ihr werdet alle den Schleier lüften und den Weg zurückfinden. Und der Weg ist immer derselbe. Es ist der Weg des All-In-Eins. Verstehst du?

Hhm, ich bin mir nicht ganz sicher.

Deine Teilaspekte, mein Kind, sie sind im Licht. Und auch diese Teilaspekte sind auf diesen großen Reisen. Der große goldene Engel, das, was ihr euer Überselbst nennt, ist in einem großen Kollektiv. Es ist über euch. Ihr seid alle eins mit diesem großen Kollektiv. Ihr werdet euch verbinden und ihr werdet den Schleier lüften und es wird eine große Feier sein, auch für euch. Der Weg führt durch die Transformation zur Verbindung mit diesem höheren Selbst. Und der Schleier, er wird durchbrochen werden. Dies ist der Weg, der Weg, diesem wunderbaren Lebewesen, das ihr Erde nennt, zu helfen. Der Weg, das Wissen zu sammeln, denn nur wer Wissen sammelt, wird ein großer Lehrer. Ich, Saint Germain, habe sehr viel Wissen auf der Erde gesammelt! Und ihr werdet dieses Wissen weitergeben, an alle diejenigen, die nicht im Licht sind, die es noch suchen. Denn wer kann es besser übermitteln, als alle die, die es schon oft gesucht haben? Versteht ihr? Verstehst du?

Es ist der Lauf der Dinge, wie die Dinge funktionieren. Ihr habt die freie Wahl. Ihr könnt euch entscheiden. Lebt im JETZT und ihr findet den Weg in das Licht. Mein Kind, verbinde dich mit all dem alten Wissen, du kannst es abrufen. Verbinde dich mit deinem höheren Selbst - und es wird dir zur Verfügung stehen. Du hast den Status eines spirituellen Lehrers. Konntest du dies aufnehmen, hast du dazu Fragen?

Kannst du mir verdeutlichen, wie meine Art ist, mich mit meinem höheren Selbst zu verbinden? Momentan habe ich das Gefühl, dass ich nicht dazu in der Lage bin?

Niemand hat behauptet, dass die Dinge einfach sind. Verbinde dich! So wie dein physischer Körper aus verschiedenen Kraftpunkten (Chakren) besteht, so wie dein Körper aus allen Kanälen besteht, so besteht auch dein Lichtkörper aus allen Kanälen, allen Kraftpunkten. Rufe dein höheres Selbst und verbinde dich vom Kraftpunkt des obersten Chakras bis zum Kraftpunkt des untersten Chakras mit jedem einzelnen Punkt. Visualisiere dir dein höheres Selbst und verbinde dich mit ihm. Dann höre mein Kind, lausche. Es ist eine sehr feine Sprache. Höre und lausche in dich hinein, und du wirst die Antworten finden, denn sie kommen aus deinem Überselbst. Es sind dieselben Übungen, die auch ich einst vollzog. Ja, dies ist der Weg zu seinem Überselbst zu finden, der Weg, zu den Wurzeln zurückzufinden. Dann lausche und du wirst es hören, es wird dir antworten auf so viele Fragen.

Ich spüre oft so einen tiefen Schmerz in mir, ich habe das Gefühl, die Last der ganzen Welt zu tragen. Ich weiß nicht, woher das kommt, kannst du etwas dazu sagen?

(*Saint Germain übermittelt Lichtzeichen*) Mein Kind, löse es aus deiner Wirbelsäule. Es ist vonnöten. Löse es aus deinen Gelenken. Halte deine Kanäle frei. Achte auf deine Wirbelsäule, sie ist so wichtig! Es ist, wie es ist. Es sind die große Lehren, der Wahrheit, der Klarheit und der Reinheit. Sie sind in dir, du lebst sie, aber viele, viele Teile leben sie nicht. Nicht wahr? Die spürst du, mein Kind, und du trägst sie. Trage sie nicht mehr. Du kannst das nicht alles tragen. Es ist eine Betrachtungsweise. Du wirst transformieren, indem du dieses große Päckchen ablegst, das du trägst, lass es fallen! Du kannst nicht die Schuld tragen. Lass Wahrheit und Klarheit fließen, eins deiner höchsten Aspekte. Sie werden kommen und lehre sie! Mein Kind, sehe es als Chance und sie werden kommen. Du wirst lehren und all die Schuld, sie braucht nicht zu sein, es ist nicht deine Schuld! Löse es aus deiner Wirbelsäule und aus deinen Gelenken. Dies ist von großer Bedeutung.

Wie mache ich das?

Löse es auf! Es sind noch alte Teile aus der Zeit, in der du in Atlantis warst. Ihr tragt zum Teil noch immer die große Verantwortung. Ihr meint die große Verantwortung in euch zu tragen. Und seht, es ist sehr viel geschehen auf Atlantis, sehr viel gute Dinge sind geschehen auf Atlantis. Sehr viel Heilung hat stattgefunden. Dennoch: Ihr habt euch entschieden, nachdem sehr viele unschöne Dinge passiert sind ... Sieh, mein Kind, ihr wart euch auch eurer Anbindung bewusst, ihr wart euch bewusst, obwohl ihr hier auf der Erde wart, woher ihr kamt. Ihr wusstet, ihr seid Kinder des Lichts. Ihr hattet nicht diesen Schleier wie jetzt. Sehr viele unschöne Dinge sind passiert auf Atlantis. Das große Kollektiv hatte beschlossen, die Daseinsform von oben als auch von unten zu beenden. Da du ein großer Schüler warst, auf dem anderen Teil von Atlantis, auf dem Teil, auf dem geheilt und gelehrt wurde, wo du auch dieses Wissen in dir getragen hast, spürst du eine große Kollektivschuld. Ihr habt darin eingewilligt! Ihr seid nicht daran Schuld! Alles geschah aus Liebe. Transformiere es mein Kind, transformiere diese alte Kollektivschuld. Du bist nicht Schuld, denn unmöglich kann ein Menschenkind alle Menschenkinder auf dem Rücken tragen, nicht wahr? Würde es einen

Sinn ergeben? Nein! Hilf den anderen Menschenkindern, trage sie nicht auf den Schultern. Sieh ihnen in die Augen! Höre ihnen zu, sie werden kommen! Sie werden kommen, lehre sie über Wahrheit und Klarheit. Transformiere die alten Dinge! Du spürst, sie kommen in dir hoch! Immer mehr, immer mehr.

Siehe, ihr alle lebt in einer großen Symbiose mit der Erde. So wie auf der Erde im JETZT alles hochkommt: die Erde sie weint (er meint Fluten), ihr habt es gesehen, die Erde ist auch mal zornig (er meint Erdbeben), ihr habt es gesehen.

So wie die Erde, so auch ihr! Auch in euch kommen die Dinge hoch. Die Erde transformiert, so wie ihr! Verstehst du die Dinge? So ist es, so funktionieren die Dinge. Alles transformiert und ich, Saint Germain, bin jederzeit bei euch, beschütze euch und helfe euch, wo immer ICH BIN.

Werde ich auch die Fähigkeit haben, zu sehen, was sich auf allen Ebenen befindet?

So wie alle Heiler, hast du große sensorische Fähigkeiten. Um diese nicht zu überreizen, hast du zugestimmt, dass dieses Chakra der Reisen zunächst verschlossen bleibt. Je mehr du transformierst, desto mehr wird es geöffnet werden. Es wäre sonst zu viel. Ihr würdet sagen, es wäre zu viel. Denn siehe, mein Kind, du hast sehr große sensorische Kräfte. Sie gleiten über den Körper und all dies spürst du. Sie gleiten in der Aura und all dies spürst du. Ihr tragt dieses Wissen in euch und habt zugestimmt, dass das große Auge der Reisen zunächst im Schleier bleibt. Und mit jeder neuen Erkenntnis der Transformation wird es mehr und mehr geöffnet, bis du es ganz klar vor dir siehst. Die Zeit, sie ist noch nicht im JETZT, sie wird kommen, sie wird kommen! Die Zeit des Sehens, sie wird kommen! Vertraue und spüre es! Du siehst bereits die feinen Schimmer, sie werden immer größer und immer klarer mit jeder Transformation.

Was meinst du mit einer Transformation, wie lange dauert sie und von welcher Zeit reden wir?

Ihr habt die freie Wahl. Diese Transformation benötigt Zeit. Ihr habt sehr viel Zeit und ihr habt die freie Wahl. Die große Transformation, sie endet in der Verbindung mit dem höheren Selbst. Und ihr werdet in der Lage sein, zu jeder Zeit mit dem höheren Selbst zu kommunizieren, wann immer ihr es rufen werdet, es wird da sein. Dies ist die große Transformation. Danach folgt eine große zweite Transformation. Dies wird nach eurer Zeitrechnung, eurer linearen Zeit, in fünfzehn Jahren sein. Es ist die große Transformation. Nennt es die Wahl zu haben, es nicht nur zu hören, das höhere Selbst, es nicht nur auf- und wahrzunehmen, sondern sich dauerhaft zu verbinden. Danach folgt eine noch größere Transformation: Die Wahl, auch die großen Reisen wieder durchzuführen. Ihr habt die Wahl, bei all euren großen Reisen auch eure jetzige physische Daseinsform mitzunehmen. Das ist das große Geschenk. Dennoch - es sind Schritte vonnöten, die nach eurer linearen Zeitrechnung in 30 Jahren geschehen. Ihr habt die freie Wahl - es kann für euch schneller, es kann langsamer gehen. Ihr habt die freie Wahl! Es liegt an euch.

Welche Möglichkeit habe ich, die Sache zu beschleunigen? Ich würde gern mal anfangen - es gibt noch so viel zu tun und ich habe das Gefühl, nicht das richtige Handwerkszeug in der Hand zu haben?!

Du trägst es bereits. ICH BIN das größte Handwerkszeug, das du hast! ICH BIN Saint Germain, benutze mich als Handwerkszeug! ICH BIN ein großes Handwerkszeug!

Wie kann ich mit dir kommunizieren?

Rufe mich!

Woher weiß ich, dass du wirklich da bist? Die Antworten, die du mir gibst, wie kann ich wissen, dass du mich verstanden hast? Wie kann ich deine Antworten hören?

Höre tief in dich hinein, höre tief in dich hinein und spüre die Dinge, die geschehen. Mein Kind, ich stelle dir jederzeit ein Meer von violetten Flammen zur Verfügung. Mit meinen violetten Flammen kannst du alles reinigen. Dich selbst, in all deinen verschiedenen Körpern, deine Wohnstätte, alles. Ich wandle alles um. Alles, was ungut ist. Alles, was ihr als dichte Materie bezeichnet. Ich wandle es um in Licht. Ich wandle alles um in das Licht des All-In-Eins. Das ist meine Aufgabe, eine Aufgabe von Saint Germain. Es ist ... ihr würdet es nennen: mein Job (alle lachen). Ich habe eine Aufgabe und dies ist meine Aufgabe. Alles Dichte zu transformieren, mit der violetten Flamme. Mein Kind, alles was dich bedrückt, wandle es um. Rufe die große violette Flamme und es wird sich mehr und mehr auflösen, mehr und mehr transformieren. Beobachtet die Erde, wieviele Dinge aufgelöst und transformiert werden. Jederzeit!

Kannst du etwas Dunkles um mich herum erkennen, wie so eine Art Ring oder Mauer, wo du schon einmal anfangen könntest?

Es ist bereits geschehen mein Kind, achte auf deine Wirbelsäule! Achte auf deine Gelenke. Mein Kind, du hast nur das Gefühl, dass etwas Dunkles um dich herum ist. Löse es auf! Löse diese Gedanken auf. Löse diese Emotionen auf. Rufe die violette Flamme. Rufe mich. Werfe all dies hinein. Du wirst mehr und mehr sehen können, denn du wirst es spüren, du wirst die Veränderungen um dich herum spüren immer mehr und immer mehr. Es geschieht bereits mein Kind. Wann immer du dich in dichter Materie fühlst, spürst oder darüber nachdenkst, rufe mich und wirf alles in die große violette Flamme. Ich stelle dir ein ganzes Meer von violetten Flammen zur Verfügung. Bitte mich darum - es wird geschehen. Und dann spüre in deine Umgebung und spüre den feinen Unterschied. Und aus dem feinen Unterschied wird ein g r o ß e r Unterschied werden! Immer mehr. Vertraue - und du wirst es spüren. ICH BIN immer bei dir, auch wenn du mich nicht wahrnehmen kannst, so wie jetzt. ICH BIN immer bei euch.

Ich habe zwar noch Fragen, aber im Moment keine klaren. Nein, ich habe keine Fragen mehr. Danke.

Dennoch hast du eine Frage!

Kannst du meine Frage hören?

ICH BIN bei dir mein Kind, ICH BIN bei dir. ICH BIN Saint Germain. Der Weg der Transformation bedingt den Weg, den ihr die Transmutation nennt. Ihr werdet euch verändern. Ihr werdet auch euren Körper verändern. Dies geschieht und dies benötigt Zeit. Die Zeit, an die ihr euch gewöhnen müsst. Habt Vertrauen. Habt Geduld. Habt Mut, denn es geschieht immer nur nach eurem eigenem Willen, nach eurer freien Wahl. Ihr habt eingewilligt. Und es geschieht stets nur zu eurem Besten und immer in der Verbindung mit der Reise nach Hause ins Licht. Ihr habt die Wahl - d i e s m a l die Wahl, euren physischen Körper mitzunehmen. Dazu benötigt ihr das, was ihr Transmutation nennt - es ist vonnöten. Transformation - Transmutation. Es geschieht in eurer Absicht. Ihr bestimmt das Tempo - wir stellen es zur Verfügung. Wir sind immer bei euch, so wie auch ich immer bei dir bin, mein Kind. Auch wenn du mich nicht wahrnehmen kannst - hören oder sehen. Transformiere und du wirst mich hören, sehen und fühlen. Glaube mir mein Kind, im JETZT ist bereits der große Tag, der große Tag der großen Feier, da wir alle wieder eins sind, ohne diesen Schleier. Versteht ihr? Verstehst du?

Ehrlich gesagt, verstehe ich das mit dem Schleier recht wenig.

Es ist schwer mein Kind, ja. Ihr habt es euch ausgesucht und ihr werdet den Weg wieder finden, den Weg nach Hause. Mit einem g r o ß e n Wissen. Ihr werdet heimkehren mit einem g r o ß e n Wissen! Aus Schülern werden Lehrer, aus Lehrern werden Meister, aus Meistern werden aufgestiegene Meister. Sie lehren die Schüler. Es ist vonnöten die Dinge zu durchlaufen. Ihr tut es bereits und dafür lieben wir euch! Es ist nicht immer einfach – oh ja! Auch ich habe es erlebt , nun bin ich da! Der große Zeitpunkt des Zusammentreffens – oh ja, er ist im JETZT zu sehen. Er wird kommen! Habt Mut. Habt Vertrauen. Wir sind bei euch.

Es wurde öfter über Status gesprochen, dürfte ich meinen auch erfahren?

Es ist im JETZT, in dieser physischen Ebene, mein Sohn, als spiritueller Lehrer. Du fängst an, die Dinge zu erkennen, die Dinge zu sehen, die Dinge zu verknüpfen. Wir sprachen bereits über so viele Teilaspekte. Ihr seid beide große Meister auf euren Reisen. Sehr große Meister! Es sind andere Teilaspekte von euch. Und dieses große kristalline Wissen - ihr tragt es in euch! Diese große Reinheit, Wahrheit und Klarheit auf all den großen Reisen, viele Menschenkinder, insbesondere die Neuzeitkinder sind Meister darin. Hier auf der physischen Ebene habt ihr den Status eines spirituellen Lehrers. Ihr werdet dieses Wissen erlangen und ihr werdet damit arbeiten. Es ist bereits im JETZT. Es wird in eurer Zeit nicht mehr lange dauern. Nutzt das Wissen und nutzt die Zeit. Dies ist sehr wichtig! Es ist vonnöten. Nutzt das Wissen und die Zeit. Und ihr werdet das JETZT erkennen, denn im JETZT habt Ihr alle Zeit! Teilaspekte von euch, ja, sie sind im JETZT. Die Teile der beiden großen Meister. Nutzt euer Wissen, ruft es ab, verbindet euch mit eurem alten Wissen! Dies erreicht ihr durch die Transformation, durch die Verbindung mit eurem höheren Selbst. Verbindet euch und ihr werdet mehr und mehr erfahren. Vertraut mir. Mehr und mehr werdet ihr erfahren.

Es ist die letzte Grenze. Es ist auch deine letzte Grenze, mein Kind. Aus diesem Grund bin ich im JETZT, aus diesem Grund teile ich euch all dies mit. ICH BIN immer für euch da. Ich danke euch.

Meine Lieben, ihr seid geliebt für das, was ihr bereits seid.
Ihr seid geliebt für all die Dinge und all die Brücken, die ihr erbaut.
Ich, Saint Germain, segne euch mit meiner violetten Flamme der Transformation.
Ich hülle euch ein, beschütze euch, wo immer ICH BIN, wo immer ich kann.
Ihr seid geliebt für das, was ihr seid.
Ihr seid geliebt und geehrt für das, was ihr tut.
Lasst das Licht fließen! Lasst es fließen!

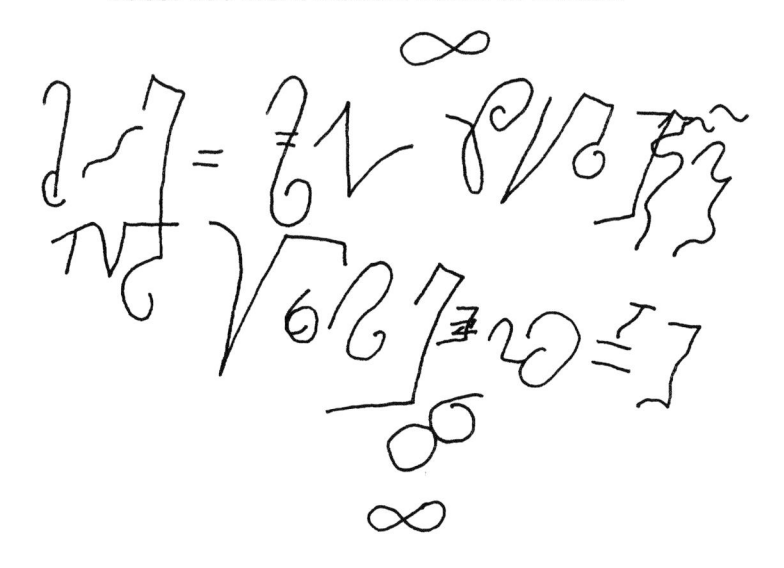

Erzengel Raphael
Heilung und Ausgleich

Aus den Reichen des Lichtes und der Liebe
segne ich und grüße euch meine Lieben,
mit meinem 7. Strahl der Hoffnung und der Heilung.
ICH BIN Erzengel Raphael

und ich freue mich hier im Jetzt über diese Zusammenkunft. Lasst uns über Heilung sprechen, *Heilung und Ausgleich*. Es ist wichtig, dass ihr sie mit anderen teilt! Große Zeiten erwarten euch. Das Licht wird immer stärker und stärker. Immer mehr Licht kommt in eure physische Welt. Der Ausgleich eurer Kraftpunkte, ihr nennt sie Chakren, der Ausgleich ist vonnöten. Es hat etwas mit Magnetismus zu tun. Euer physischer Körper wird vom Magnetismus beherrscht. Es ist eine Linie in den höheren Sphären des Lichtes und den Erdenergien. Meine Lieben, es bildet ein großes Gesetz: „Sowohl oben, als auch unten". Es ist ein großes kosmisches Gesetz. Es erfordert den Ausgleich meine Lieben. Es existiert ein zweites großes kosmisches Gesetz: „Sowohl innen, als auch außen". Findet stets den Ausgleich für diese beiden Gesetze!

Dies erreicht ihr durch Heilung. Heilt nur mit dem Licht. Gewiss, ihr habt in dieser physischen Welt sehr viele Hilfsmittel. Aber dieser Ausgleich dieser kosmischen Gesetze erfordert Licht und Lichtarbeit.

Es ist notwendig, die Ausgleichung ist n o t w e n d i g!

Das Licht, die Frequenzen werden immer stärker, immer stärker. Viele Dinge, die in eurer linearen Zeit vonnöten sind, ihr werdet sie nicht mehr brauchen. Es ist für euch schwer sich dies vorzustellen, doch dies ist die Wahrheit. Seht ihr, aus einem großen Teil aller eurer Verträge in dieser Inkarnation erfolgt ein weiteres Gesetz: Je jünger ein Menschenkind in euer linearen Zeit ist, desto größer ist das Wissen, desto perfekter ist die Ausgleichung. Es werden Neuzeitkinder geboren werden, es ist eure freie Wahl. Es werden Neuzeitkinder sein mit großen Aufgaben. Ihr nennt sie Indigo-Kinder. Mit der großen Aura in wunderschönem Blau. Sie werden auch den Strahl des wunderschönen Rosa und einem wunderschönen Silber haben. Es werden die großen Neuzeitkinder geboren werden. Es sind die Kinder der Gnade. Die großen Kinder der Gnade und große Meister. Alles wird sich verändern. Großes Licht wird erscheinen.

Sie werden zu euch kommen.

Helft den Generationen diesen Ausgleich zu finden, es ist eine große Chance für eure ältere Generation in eurer linearen Zeit. Sehr viele große Meister werden kommen. Spürt die sehr feinen Schwingungen um euch herum, in euch, sie werden immer stärker. Ihr werdet sie sehen können.

Dies ist dann die Zeit der Wiedervereinigung. Sie wird kommen.

Neue, sehr große Heilformen, sie werden euch gegeben werden. Ihr werdet sehr viele Geschenke erhalten. Geschenke, die Gnade zu erfahren, Geschenke des Ausgleiches. Die Erschütterung in euch, sie findet statt in der Erkenntnis, den Schleier zu haben. Und sehr viel Gefühle, sehr viele alte Gefühle, - der Hauptaspekt -, ist nicht aus dieser Inkarnation, der Hauptaspekt ist, so weit vom Licht entfernt zu sein. Ihr werdet es schaffen, meine Lieben. ICH BIN jederzeit bei euch. Ihr werdet es erkennen. Sehr vieles wird geschehen. Sehr viele Heilweisen, sie werden euch zugetragen und ihr werdet die Dinge verknüpfen. Es sind nicht die Heilweisen, die in euren Heilanstalten gelehrt werden. Es sind weitaus höhere Heilweisen, die auch die höheren Meridiane betreffen. Ihr werdet sie alle erfahren!

Polarisiert eure Meridiane, aktiviert eure Kraftzentren (Chakren), Schritt für Schritt! Gleicht sie aus. Eine ausgeglichene Polarisierung in all euren physischen Bereichen ist von großen Nöten. Ihr werdet die Kraft entwickeln, eine sehr große Kraft. Denn viele Menschenkinder, die dies noch nicht verstehen, sie werden kommen und um Hilfe und Heilung bitten! So viele!

Gleicht euch daher zunächst selbst aus und bereitet euch auf diese große Arbeit vor, denn hier in eurer physischen Welt geschehen die Dinge sehr schnell. Ihr glaubt die Zeit ist schnell? Nein, sie wird rasen! Im JETZT habt ihr alle Zeit und seht, ICH BIN Raphael, ich lebe im JETZT. Euer Überselbst, dieser große goldene Engel, er lebt im JETZT. Aus diesem Grund, und nur aus diesem Grund tragt ihr alles Wissen in euch. Aufgrund dieses großen Schleiers habt Ihr es euch selbst auferlegt, nicht zuzuhören. Geht in euch, arbeitet, aktiviert eure Kraftzentren!

Meine Lieben, seid unbesorgt, es wird sich ändern! Es wird sich ändern! Das „Sehen" über euer drittes Auge, es wäre im Moment noch zu viel für euch. Oft sind es keine großen Blockaden in euch, es bedarf oft lediglich des Ausgleiches. Und ihr werdet unermessliche Kraft daraus schöpfen. Lasst fließen die Energien. Sie sind vonnöten und sie sind bereits hier. Ihr werdet die Kraft haben, meine Lieben. Ich gebe euch alle Hilfe. Ruft mich jederzeit.

Meine Lieben, zu reisen bedeutet auch, das Licht dort hinzubringen, wo kein Licht existiert. Ihr habt gute Arbeit getan. Dennoch, die innere Ruhe für euch ist nun vonnöten. Das innere Gleichgewicht in euch, es ist wichtig für eure große Arbeit. Sie wird auf euch zukommen. Es ist eure freie Wahl. Sie wird auf euch zukommen. Arbeitet mit euren Heilhänden. Wenn ihr den Ausgleich vornehmt bei anderen Menschenkindern, dann legt nicht die Heilhände auf.

Meine Lieben, arbeitet mit all den neuen Energien. Sie werden kommen. Sie sind bereits im JETZT, sehr viele neue Heilweisen. Ihr werdet sie erfahren, ihr werdet sie kennenlernen. Ruft euer Wissen ab. Wendet es an und sendet gute und positive Gedanken an das große geteilte Land (Amerika) und in die vier Länder, welche ein Quadrat bilden im mittleren Osten. Bittet, dass alle gefundenen Geschenke in dem Land, welches ihr Ägypten nennt, in die richtigen Hände kommen. Diese Botschaft, meine Lieben geht um die gesamte Welt. Achtet und respektiert die neuen Geschenke und wendet sie an, wenn die Zeit im JETZT erreicht ist.

Was meinst du mit Kraftfeldern, die der Polarität dienen oder andere?

Jedes Menschenkind lebt in der Polarität. Ich, Raphael, erschaffe den Ausgleich. Es ist in eurer Ermächtigung, den Ausgleich zu erschaffen, den Ausgleich der einzelnen Kraftfelder innerhalb eures physischen Körpers und auch eures Lichtkörpers, denn siehe: Sind die Polaritäten gleich, werdet ihr euch mit den höheren Energien, dem höheren Selbst und eurem Lichtkörper, dem hohen Lichtmantel der Meister, verbinden und verschmelzen können. Auch so ist es mit der Erde. Auch die Erde hat verschiedene Kraftfelder. Auch die Erde wird sich mit dem Lichtmantel der Meister verbinden und verschmelzen.

Ihr alle tragt dieses Wissen in euch.

Wie mache ich das?

Verbinde dich mit deinem höheren Selbst. Es ist der Weg all das Alte mit dem Neuen zu verknüpfen. Die Dinge sind oftmals sehr verwirrend, nicht wahr? Ruft euer Wissen ab, verbindet euch mit eurem Überselbst. Die Sprache eures Überselbstes, es ist die Intuition.
Macht euch vertraut mit den Meridianen. Ihr verfügt über zwei Meridiansysteme: das grob-feinstoffliche in eurem physischen Körper sowie das lichtvolle-feinstoffliche innerhalb eures Lichtkörpers. Verbindet die Kraftpunkte mit den Kraftpunkten eures Lichtkörpers. Ruft ihn herbei. Ihr werdet mehr und mehr erfahren von eurem Überselbst. Denn euer Überselbst trägt all das große Wissen. Ihr habt die Ermächtigung, euch mit ihm zu verbinden. Und die

Sprache eures Überselbstes ist eure Intuition. Es wird stärker und stärker, immer mehr und immer mehr.

Lieber Erzengel Raphael, ich habe auch eine Frage, ich arbeite als Heilerin. Ich gebe auch Heilabende. Was kann ich an meiner Arbeit verbessern und warum kommen im Moment so wenig Leute zu mir? Mache ich einen Fehler?

Verknüpfe die Dinge und verstehe! Höre, höre ihnen zu, den kleinen, feinen Schrei ihrer Wünsche, ihrer Sehnsüchte. Denn sieh, mein Kind: Alles ist eine Frage der Schwingung und alles, was höher schwingt, bedarf einer Transformation und Frequenzausgleichung zuvor. Viele Menschenkinder senden Signale. Nehme sie auf. Höre sie und heile sie. Mein Kind ICH BIN immer bei dir bei deinen Heilungen.

Heile mit deinen Händen. Lass die hohen kristallinen Energien fließen durch deine Hände. Höre und verstehe den höheren Aspekt der Illusion, den ihr Krankheit nennt. Höre ihn und heile ihn. Mein Kind, benutze deine Gedanken und Hände zum Heilen. Rufe mich und ich werde immer bei dir sein.

Die Menschenkinder werden zu dir zur Heilung kommen, sobald sie merken, dass du hörst, mein Kind. Ihnen zuhörst, dem höheren Aspekt, dem Schrei nach Transformation. Sie werden kommen. Denn seht, so viele Menschen bedürfen der Transformation, Ausgleichung und Heilung jetzt im JETZT, sehr viele. Denn die Dinge, die geplant sind und die ihr auch geplant habt, können nur durchgeführt werden durch Heilung.

Im Moment habt ihr Hoffnung. Hoffnung heißt Heilung. Heilung heißt Hoffnung. Der Zeitpunkt wird kommen, da ihr keiner Hoffnung mehr bedürft. Ihr habt die Dinge dann verstanden und aus Schülern werden Lehrer. Aus Lehrern werden Meister.

Große Dinge stehen euch bevor, große Dinge!

Geht den Weg! Mein Kind, gehe den Weg. Sie werden zur Heilung kommen.

Arbeitet mit den höheren Sphären, mit den höheren Energien. Arbeitet mit euren guten Gedanken und mit euren guten Absichten, heilt damit.

Ihr werdet alle immer mehr wahrnehmen können. Achtet auf die Zeit, die kommen wird! Ihr werdet alle immer mehr wahrnehmen können. Ihr werdet wie feine Antennen, wie feine Sender, immer mehr und mehr. Es wird auf euch zukommen, mehr und mehr. Es ist bereits im Jetzt. Spürt ihr die Kräfte? Sie kommen und sie rasen auf euch zu. Mein Kind, du wirst sie mehr und mehr spüren.

Ich habe mit meiner Arbeitskollegin schon über ihre Dominanz gesprochen. Ich behaupte mich auch bei ihr und dennoch wird es immer schwieriger mit ihr auszukommen. Was soll ich von ihr noch lernen, oder was kann ich tun, um das Arbeitsklima zu verbessern?

Anmerkung: Wer erkennt sich in dieser Frage wieder? Wer kennt das nicht, die Missverständnisse am Arbeitsplatz? Aus diesem Grund habe ich diese Frage stellvertretend für viele Fragen in Bezug auf Probleme mit Kollegen/Kolleginnen aufgenommen. Erzengel Raphael antwortet wie folgt:

Mein Kind, wir sprachen bereits darüber. Du siehst, sehr viele Dinge drehen sich um das Erspüren und Hören. Mein Kind, spürst du nicht ihren Schrei nach Anerkennung?

Doch.

Ihren Schrei nach Liebe? Es klingt oft überheblich und oftmals ist es sehr verletzend für dich, doch es ist ein Spiegel. Nenne es eine Prüfung. Denn sie steht dir gegenüber. Sie sitzt dir auch gegenüber. Sie ist ein Spiegel! Es ist der Schrei nach Liebe, der Schrei nach Anerkennung. Nimm ihn für dich wahr! Sende gute Gedanken und sage ihr: Sie braucht sich keine Gedanken zu machen. Sie kann sich selbst lieben. Sie hat es noch nicht verstanden. Ihr Herz, mein Kind, ist oftmals geschlossen. Der Bereich ihres Herzens ist oftmals nicht offen. Rede mit ihr, sende ihr Licht, sende ihr Verständnis und dann überprüfe auch dein Herz!

Und all die Anschuldigungen und auch dies, was du als überheblich empfindest, wird gehen. Es wird gehen. Sage ihr: Sie ist, so, wie sie ist, ein liebenswerter Mensch mit ihren vermeintlichen Fehlern. Es ist so, wie es ist. Dies ist mit ICH BIN gemeint. ICH BIN, die ICH BIN. ICH BIN, der ICH BIN. Sie wird es verstehen, sage es ihr, dass sie ein liebenswerter Mensch ist und vergiss nicht, es auch zu dir selbst zu sagen!

**Meine Lieben, ich segne euch und
hülle euch ein in meinen
7. Strahl der Hoffnung und Heilung.
Meine geliebten Menschenkinder,
ich hülle euch ein in meine Heilenergie.
Ihr seid geliebt für all
die Dinge, die ihr vollbringt.
Ich liebe euch, beschütze euch, wo immer ich auch bin.
Meinen Heilstrahl,
gebt ihn weiter, gebt ihn weiter
an alle Erdenkinder!
ES WERDE Licht!**

Ashtar
Jenseits des Schleiers des Vergessens

*Aus den Reichen des Lichtes und der Liebe
grüße ich euch, meine Lieben.
ICH BIN Ashtar vom Raumkommando.*

Ich freue mich, dass ich euch wiedersehe, meine Lieben. Ihr kennt mich und ich kenne euch. ICH BIN vom Raumkommando und ich verfahre und lebe nach der hohen Weisheit und nach der Christusenergie. In euren Hierarchien wäre Sananda mein Vorgesetzter. Ihr kennt ihn. Ich freue mich in eurer Mitte zu sein. Lasst mich die Dinge erklären aus der Sicht des Schleiers, der uns im Moment noch trennt, meine Lieben. Dies geschah in eurer Absicht und Zustimmung. Dennoch erzähle ich gerne jenseits des Schleiers. Meine Lieben, die Erde sie leuchtet. Wenn ihr es nur sehen könntet! Sie leuchtet! Dieser wunderschöne Planet, dieses wunderschöne Lebewesen. Es leuchtet im JETZT. Und wir sind alle da. Wir sind alle bei euch. Wir beschützen euch, denn wir kennen euch alle! Wir sind für euch da. Wir sind für die Erde da. Wir unterstützen euch, bei all euren Prozessen, die ihr im Moment durchlauft. Und jeder Einzelne von euch weiß, welche Prozesse das sind. Sie sind nicht immer einfach, meine Lieben, aber sie sind gewollt. Und glaubt mir, sie dienen alle, ich wiederhole, alle einem höheren Zweck. Ihr würdet es einen höheren Sinn nennen. Eins, was wir gelernt haben und was ihr auch immer wieder lernt, ist ein sehr großes Wort: Demut.

Auf eurem Planeten ist dieses Wort falsch gelehrt worden. Seht, es gibt die wahre und die falsche Demut. Die wahre Demut, meine Lieben, heißt zu teilen. Für alle Wesen da zu sein. Eins zu sein mit allen Wesen. Eins zu sein. Zu erkennen, dass ihr alle eins seid und dass wir alle eins sind, denn wir sind alle eins, ALL-IN-EINS. Demut heißt, nicht alleine sein. Demut heißt auch, keine Angst zu haben. Ihr braucht keine Angst zu haben. Legt sie ab. Ihr könnt sie transformieren. Bittet Saint Germain, er wird euch helfen. Sehr vieles dreht sich im Moment um Transformation. Wir sind alle bei euch. Ihr steht sozusagen im Rampenlicht. Wir sind alle da und wir werden euch jede erdenkliche Hilfe zukommen lassen. Euer Kollektiv, es leuchtet in so wunderschönen Farben. Es ist euer höherer Aspekt. Er ist über euch. Lasst es mich mit meinen Worten beschreiben: Er ist um die Erde, er ist auch bei euch und IHR seid es. Und er lernt und er wird lehren. Im JETZT lernt er. Ihr habt so viel gelernt. So viel und das Licht wird immer größer, und immer größer. Wir freuen uns und entwickeln uns. Wir haben schon viel erlebt und sind viel gereist. Und nun treffen wir uns wieder und ich freue mich, dass ich in dieser Daseinsform und in eurer Daseinsform im JETZT zu euch sprechen darf.

Wohin sind wir denn gereist?

Das ALL-IN-EINS, es ist so groß, du würdest es nicht verstehen. Es hat nichts mehr mit Planeten zu tun. Es ist übergeordnet. Es ist so viel. Schon immer habt ihr in Demut gelebt und geteilt. Und immer für eine höhere Sache gelehrt. Nun seid ihr hier. Ihr seid hier auf der Erde. Gereist sind wir in großen, großen Kreisen. Ihr werdet euch daran erinnern und ihr werdet auch wieder reisen können. Und ich verrate euch etwas, denn ihr habt die Ermächtigung dazu: Ihr könnt jederzeit, wenn der Zeitpunkt reif ist, wieder reisen. Jederzeit und gleichzeitig auf der Erde leben. Seht dies nicht als Astralreise. Seht es in einem höheren Aspekt des Lichtes. Das Medium kennt nur den Begriff Kausalreise. Es ist noch höher. Ich freue mich, es ist noch höher, höher als die Seelenebene. Es ist wunderbar. Ihr werdet es wieder erleben. Viel gereist bin ich und ihr seid viel gereist. Meine Kinder des Lichtes, Aufgaben habt ihr übernommen, Aufgaben des Lichtes und der Transformation.

Indigo-Kind: Ich traue mich nicht zu fragen, dies ist mein erstes Channeling und ICH BIN ein wenig schüchtern.

Mein Kind, ich lehre dich nun die Schöpfungsworte: ICH BIN. Du trägst es in dir, in deinen Zellen. Man kann nicht von Zellebene sprechen, du trägst es in deinen Hauptzellen. Du benutzt es nur falsch im Moment. Du bist verwirrt worden. Ich kann das sehr gut nachvollziehen, denn oftmals werde ich auch sehr verwirrt, wenn ich eure Sprache spreche. Sie ist oftmals nicht sehr einfach. Hier im JETZT sind die Dinge einfacher. Viele eurer Worte verstehe ich nicht, aber ich habe gelernt und nun höre und lerne von mir. ICH BIN, sage es.

Indigo-Kind: ICH BIN. Durch was wurde ich verwirrt?

Es ist so, du kamst mit Verträgen und Absichten und nun stehst du mitten darin. Mitten in deinen Verträgen und Absichten. Ich kann es sehr gut nachvollziehen, warum es so schwer ist, denn: Manchmal ist die Sprache, die von außen auf dich zukommt, nicht die Sprache, die in deinem Innern ist. Ist es nicht so? Die Sprache, die dir von außen zugetragen wird, entspricht oft nicht deiner Sprache. Du bist aus dem Sternenkollektiv. Das Sternenkollektiv ist nicht so oft auf der Erde gewesen, denn wir kommen alle aus der Quelle. Aus der Quelle ALLEN-SEINS. Groß ist sie. Sie ist überall. Sie ist in uns, in dir, sie ist überall.

Indigo-Kind: Darf ich erfahren, ob ich auch auf der Venus war?

Es gibt kein Kind aus dem Sternenkollektiv, das noch nicht auf der Venus gelehrt wurde. So können die Dinge nicht funktionieren. Ihr werdet gelehrt auf der Venus. Es ist eine der schönsten Schule der Liebe und seht, im JETZT gibt es nur Liebe. Es ist der höchste Aspekt, es ist der Grund ALLEN-SEINS. Mein Kind, ja du warst auf der Venus. Viele Dinge sind dir dort gelehrt worden, wahre bedingungslose Liebe. Höre und spüre tief in dich hinein, du weißt, wovon ich spreche. Die Dinge laufen auf eurer Erde oftmals nicht so. Bedingungslose Liebe wird noch selten gelehrt. Du hast es zu deiner Aufgabe gemacht, es ist auch Teil deines Vertrages: Ich darf ihn dir nennen, denn du kennst ihn. Bringe die bedingungslose Liebe, die Du gelehrt wurdest, auf diese Erde! Dies sind die Aufgaben der Neuzeitkinder, so wie ihr sie nennt. Die bedingungslose Liebe dorthin zu bringen, wo sie nicht ist. Die Dinge laufen anders und kompliziert hier auf der Erde, diesem wunderschönen Planeten, wo du bist. Durch die Verträge, die du zurzeit durchlebst, begreifst du erst den Unterschied zwischen bedingungsloser Liebe und Lieblosigkeit.
Du hast sehr viele Erfahrungen gemacht. Ihr nennt dies negativ und positiv. Siehe, alle Dinge haben ihren Namen: Ihr habt dieses große Zeichen Yin und Yang. Tag und Nacht. Licht und Schatten, positiv – negativ, das sind eure Worte, Worte der Dualität. Du durchlebst im Moment die Dualität. Werde dir darüber klar! Dein Auftrag läuft!

Indigo-Kind: Du sagtest zu Anfang, du seist vom Raumkommando. Was ist das?

Stell dir vor, Lichtschiffe, unendliche viele Lichtschiffe, überall sind sie. Große, kleine in den schönsten Farben, getränkt in einem Meer von Licht und Farben. Und wir sind vor eurem Planeten - nicht ausschließlich, aber doch sehr oft. Wir sind da, um die Dinge zu regeln, auch für euch zu regeln, euch zu unterstützen. Seht, es ist ein großes Kollektiv aller Lichtwesen, die beschlossen haben, nach den Lehren und nach den Kräften des alles beseelenden Geistes der Quelle, des ALL-IN-EINS zu leben. Es gibt welche, die es noch nicht tun. Wir haben die Dinge erkannt und wir sind so viele.

Indigo-Kind: Und wer bist du als einzelne Person, dein Name ist mir nicht geläufig?

ICH BIN Ashtar. Ein Hohenratsmitglied der Plejaden. Ich leite ein sehr großes Kollektiv. Das große Kollektiv der Konföderation, Konföderationen von so vielen Planeten, ihr könntet sie gar nicht aufnehmen. Ihr könntet sie nicht in Zahlen ausdrücken. Ihr könntet sie im Moment nicht verstehen. Dieses große Kollektiv aller großen Lichtschiffe der Konföderation, ich leite sie. Ihr alle wart bereits auf diesen Schiffen. Ihr kennt mich und ich kenne euch. ICH BIN aus dem großen planetarischen Rat. ICH BIN Mitglied der weißen Bruderschaft. ICH BIN an der Seite von Jesus, der Christus-Energien und Sananda, von Saint Germain und von Ra. Dies sind alles Namen, es sind alles bekannte Schwingungen für euch, nicht wahr?

ICH BIN Ashtar. ICH BIN vom Raumkommando. Ich sage das mit Absicht: ICH BIN vom Raumkommando. ICH BIN vom Kollektiv. Ich arbeite zusammen mit allen Lichtwesen und Sananda. Ein Aspekt von Sananda war früher einmal hier auf der Erde. Ihr kennt ihn. Du kennst Sananda. Und das Raumkommando ist das große Kollektiv. Euer höheres Kollektiv arbeitet mit unserem Kollektiv zusammen. Ihr versteht es nur noch nicht, denn seht: Ihr lebt in der Dualität. Deine Dualität lebt. Seid ihr euch noch nicht bewusst über euer Kollektiv? Aber immer mehr Menschen sind sich des Kollektives bewusst. Und darum wiederhole ich, was ich anfangs gesagt habe: Das Kollektiv seid ihr. Das Kollektiv entscheidet und wartet, lehren zu dürfen die Teile, die noch viel Hilfe brauchen. Sie sind noch nicht im Licht. Ihr seid in einem großen Licht, habt aber noch viele Dinge zu erledigen. So wie du mein Kind. Und so wie es hier ist - so ist es auch auf deiner Welt. Es zu erfahren, dass es unschöne Dinge gibt, kostet sehr viel Kraft.

Aber es gibt dir die Kraft, die Dinge zu verändern. Du hast die Erfahrungen gesammelt. Es ist nicht vonnöten, dass du sie weiter sammelst. Kehre sie um! Kehre in dich, immer mehr. Höre auf dich selbst, aktiviere dich selbst, denn das, was du erlebt und gelernt hast, gebe es nun weiter. Sage es allen. Ich spreche nicht davon, die Dinge zu missionieren. Ich spreche davon, da zu sein. Auch für andere, sie werden scharenweise kommen. Transformiere das Gelernte, was nicht positiv war. Lehre und zeige ihnen alles, denn sie werden kommen. Sie werden es von dir erfahren.

Ihr alle tragt nicht nur das Wissen eurer physischen Welt, ihr tragt auch das Wissen des Sternenkollektivs.

Ashtar, meine Frage ist: Wie ist es uns als einzelner Mensch möglich an dieses Wissen heranzukommen?

Deine Frage, sie ist sehr weise. Ihr lebt in einem großen Kollektiv. Heilt euer physisches Sein und integriert alle Formen eurer Aspekte. Heilt eure Herzen. Lasst nicht mehr euren Verstand sprechen. Lasst eure Herzen und die Intuition sprechen. Ihr werdet die direkte Kommunikation zu eurem höheren Selbst und dann zu eurem höheren Kollektiv wieder herstellen. Keine Sprachen werden nötig sein. Dies könnt ihr nur alleine erfüllen. Geht in euch, heilt alle Aspekte und eure Herzen und lasst diese sprechen. Dann und erst dann habt ihr den kompletten Zugang zu eurem höheren Kollektiv. Könnt Ihr euch vorstellen, welches Wissen hinter eurem höheren Kollektiv steht? Für dieses Wissen benötigt ihr keine Sprache. Die Zeit, sie wird kommen. Aber eure lineare Zeit sie rast. Ihr habt die freie Wahl.

Wie siehst du das Bild der Magnetgitteröffnung?

Es ist die Vollendung und Öffnung der Möglichkeit, die Öffnung eines großen Tores. Auch kleinere Tore werden geöffnet, nach dem kosmischen Gesetz: sowohl oben, als auch unten. Es liefert euch ungeahnte, große plejadische Energien. Sie werden gefiltert, durch plejadisches Wissen gefiltert. Es ist das Licht des alles beseelenden Geistes, des Vaters. Dieses Licht ermöglicht euch so große, hohe Energien. Es ermöglicht euch neue Wissenschaften und ungeahnte Heilformen. Ihr seid alle der atlantischen Heilformen vertraut. Heilt sie! Sehr vieles wird folgen. Heilt die Menschenkinder. Ich sage dies im JETZT: Heilt sie! Es werden sehr viele Veränderungen stattfinden. Stellt euch ein großes kupferfarbenes Netz um eure Erde vor. Ein Netz von Energien. Es wird golden, wie euer Herz. Ist euer Herz golden? Überprüft es und dann versteht ihr, wovon ich spreche. Ihr habt es gelernt, die Lehre von Wahrheit und Klarheit.

Kannst du uns aus deiner Sicht von den Plejaden berichten. Wer wohnt dort, wie sind sie strukturiert und was ist für uns im JETZT für unser Wissen dienlich?

Seht, ICH BIN Asthar. Es sind nicht eure Hierarchien. Es sind die Hierarchien des Lichtes. ICH BIN in einem hohen Rat. Ihr nennt es und es ist die weiße Bruderschaft, gegründet aus einem großen hohen Rat. Nennt mich so etwas wie einen Kommandant. Ich habe so viele, viele Lichtschiffe in meiner Obhut zu betreuen. Sie alle halten die Dinge aufrecht und helfen euch. Seht, unser aller Kommandant, nennt es so, es ist der, den ihr als Jesus kennt. Sein Ausdruck, es ist der Erdenausdruck, der Lehrer aller Lehrer, Meister aller Meister des Erdenausdrucks. Sananda ist der Ausdruck der Energie, der Herzenergie, die uns alle verbindet. Es ist eine empfangende weibliche Energie. Das große Christusbewusstsein ist die goldene Energie. Sie fließt in euch und durch eure Herzen. Sie fließt, sie hält alle Dinge aufrecht. Sie ermöglicht euch ein Leben in so vielen Welten. Dies ist die Energie, die goldene Energie, das Christusbewusstsein.

Die Plejaden sind ein großer hoher Rat. Sie sind sehr einfach strukturiert. Im Licht ist alles einfach strukturiert.

Was wurde auf den Plejaden gelehrt?

Großes, kristallines Wissen. Die großen Reisen wurden vorbereitet, die Reisen der Wahrheit und der Klarheit. Stets sind alle Plejadier im Dienen und Reisen. Seht, es ist eine große Vereinigung. Dort gibt es auch viele Dimensionen. Ihr werdet in der Lage sein, alle Dimensionen zu bereisen. Ihr kommt aus so vielen Dimensionen. Die Erdaufgabe, sie ist die größte. Und wir dürfen behaupten, dass sie das ist. Und wir freuen uns, bei euch zu sein. Die Plejadier, sie helfen euch, denn tief aus eurem Innersten wart, seid und werdet ihr immer ein Teil der Plejadier sein und das große plejadische Wissen tragen. Plejadier reisen durch Welten, die ihr euch im Moment nicht vorstellen könnt. Ja, wir reisen und wir haben Lichtschiffe. Ihr werdet reisen können, wo immer ihr hinreisen möchtet.

Aber ich habe doch gar kein Lichtschiff.

Du trägst es in dir. Ihr tragt es alle in euch. Es ist euer Lichtkörper. Er ist weit über eurer Aura. Dies sind die Reisen in Reisen. Ein Kollektivschiff ist aus Licht, aus lichterer Materie. Größere Möglichkeiten, lichtere Materie. Es ist kein Schleier mehr. Das Reisen durch alle Dimensionen, es wird euch möglich sein. Vielen Daseinsformen ist es noch nicht möglich. Und glaubt mir eins: Wir werden uns wiedersehen. Sie werden euch alle fragen und sie werden euch alle lehren.

Kannst du uns über den Photonenring berichten? Gibt es ihn? Was ist er, wo ist er und was macht er?

Der große goldene Gürtel, meine Lieben. Er ist wie ein großes Hologramm, der großen plejadischen Kräfte. Sie werden gefiltert und erreichen eure Erde. Es kommt zu einer großen Aktivierung. Die erste Aktivierung wird durch die Öffnung stattfinden. Sehr vieles wird in eurer physischen Welt nicht mehr so kompliziert werden. Durch die Öffnung und Aktivierung der Energien werdet ihr sehr viele neue Möglichkeiten haben.

Öffnet euch für diesen großen Gürtel eures Gitternetzes und der neuen Energien. Es ist wie ein großer Kreis, was die Energien anbelangt, ein Schöpferkreis für euch. Hohe, sehr hohe plejadische Energien fließen durch diesen Gürtel. Ihr werdet vertraut werden mit der „Levitation", der Ordnung des Lichtes, der Anordnung des Lichtes und der Ordnung des Chaos. All jene die ihre Herzen geöffnet haben, all jene die verstehen und diese Energien annehmen, führen zu einem größeren Verständnis, Wissenschaften und Heilformen. Alle eure Geräte, die eure physische Welt verschmutzen, alle Geräte, die eure physische Welt zerstören, all diese Dinge werden nicht mehr benötigt werden. All jene, die ihre Herzen geöffnet haben und das Licht erkennen, werden sie nicht mehr benutzen.

Ihr fragt euch nun sicherlich, was ist mit den anderen?

Habe ich euch nicht schon eine Antwort darauf gegeben?
Heilt sie!

Aber Ashtar, es lässt sich nicht jeder heilen?!

Aus diesem Grund haben wir verschiedene Aktivierungen der „Levitation". Wir werden die Energien schrittweise erhöhen, schrittweise. Haltet diese Energien in euch. Gebt sie weiter und heilt, heilt sie, alle jene, die nach Heilung fragen. Es werden nicht wenig sein!

Genügt denn da eine mentale Heilung oder muss da etwas anderes geschehen?

Sofern ihr über das große Wissen der mentalen Heilung verfügt, wendet es an. Übt es bei euch, beginnt und wendet es bei euch an. Seht, ihr habt so viel Heilformen. Die Heilformen der Sprache, ihr habt die Heilformen der Telepathie. Manche von euch tragen große Kristalle, die alten atlantischen Kristalle in den Händen. Seht, ihr seid wie große Transformatoren aller Energien. Gebt die Energien weiter. Alle Energien fließen, sie werden verstärkt. Seht es wie eine Art Lupe, eine Fokussierung wie ein Brennglas, dieser große Lichtgürtel. Die Energien werden wie in einem Brennglas fokussiert. Nutzt diese Energien, heilt damit. Dennoch, ich spüre, dass ihr euch immer noch fragt, was ist mit all den anderen?!

Hat denn das etwas mit den Dimensionen zu tun?

Ja. Es ist in Dimensionen, es sind Dimensionen.

So wie ich das verstanden und gehört habe, haben wir die dritte Dimension nun verlassen. Und all diejenigen, die ihr Herz nicht geöffnet haben und nicht hinschauen bleiben in der dritten und alle anderen gehen eine Stufe höher, in die vierte oder fünfte Dimension. Ist dies richtig so?

Es ist, wie es ist. Ihr habt die freie Wahl. Es existiert ein großes Gesetz, das Gesetz der freien Wahl. Und dies ist im JETZT der einzige Planet der freien Wahl. Ihr könnt euch nicht vorstellen, wie viele Planeten existieren. Manchmal ist auch eine Trennung vonnöten. Es muss keine Trennung erfolgen. Heilt sie! Und wisst dies, alle jene, die sich nicht öffnen, ihr werdet sie in Liebe loslassen.

Gibt es da etwas Konkretes, was wir tun können?

Es ist eure freie Wahl. Es ist auch ihre freie Wahl. Ihr kreiert eure eigene Zukunft. Seht, ihr kreiert auch eure dritte Dimension. Ihr kreiert auch eure vierte und 5. Dimension. Ein universelles Gesetz lautet: Die Erde wird niemals durch eine Menschenhand zerstört werden, niemals!

Wie siehst du das Bild unserer Erde im Jahre 2012?

Welche Ebene der Erde meinst du, mein Kind?

Die Dimensionen in der wir zur Zeit leben.

Sie erlebt einen großen Übergang. Ich sehe eine große blaue Welt, sie ist so schön, wie die andere verbleibende Welt. Die eine leuchtet und auf ihr sind nur Menschenkinder im Frieden, Freiheit und Liebe. Dies ist der Schnittpunkt im JETZT. In der anderen Welt der dritten Dimension sehe ich sehr viel Verschmutzung, sehr viel Neid, sehr viel Aggressionen und auch Kriege. Heilt diese Menschenkinder mit diesen Emotionen, heilt sie!

Wie können wir am besten heilen, allein oder zusammen?

Beides. Tragt es weiter. Heilt und tragt es weiter. Haltet die Energien und gebt diese weiter. Seht, ihr habt ein so großes Instrument: alle eure Lichtkörper. Alle eure Lichtkörper, sie warten auf euch und sie bilden das große Kollektiv, das große Christusbewusstsein, die große Christus-Energie und die goldenen Energien. Sie aktivieren alles in euch und um euch. Sie ist so groß diese Energie! Und sie kennt nur eins: Sie kennt nur die Liebe. Und all diese Liebe, sie wird heilen. Gebt sie durch euer Herzchakra weiter.

Öffnet euch für die neuen Energien und für die neuen Geschenke. Öffnet euch für die neuen kommenden, großen und lichten Wissenschaften. Ihr steht am Anfang meine Lieben und am Anfang einer wunderschönen neuen Welt, einer kristallklaren blauen Erde voll leuchtendem Licht. Heilt alle die Teile, die Phasen, die nicht leuchten und ihr werdet eine Bemeisterung eures gesamten Kollektives erfahren. Universelle Veränderungen werden folgen. Könnt ihr euch vorstellen, wieviel Licht ihr dann in alle Bereiche gebracht habt? Könnt ihr euch dann die Liebe vorstellen, all jener, die sie beobachtet haben? Gewiss, es ist sehr schwer. Es ist, wie es ist.

Es wurde über andere Channels berichtet, dass du und die weiße Bruderschaft eine Evakuierung in drei Phasen plant. Wird diese stattfinden und warum? Muss die Erde evakuiert werden, stimmen die Durchsagen und wie geht es dann weiter?

Diese Botschaften, ja sie wurden übermittelt. Sie sind Teil der alten Energie. Seht, ihr lebt bereits im Übergang in die vierte Dimension. Wir sprachen bereits darüber. Ein großes kosmisches Gesetz lautet: Die Erde, dieses wunderbare Lebewesen, es lebt im Schutz. Es wird niemals durch Menschenhand zerstört werden können. Sollte die Heilung misslingen, sollte die Heilung all jener, die nicht zustimmen misslingen, werden große Lichtschiffe zur Verfügung stehen. Sie werden in Liebe all jene retten. Atlantis darf und wird sich nicht mehr wiederholen. Dies liegt nicht im großen Plan. Dies sind alte drittdimensionale Überlieferungen. Heilt sie alle. Sollte dies nicht möglich sein in der eventuell verbleibenden dritten Dimension, sollten die Menschenkinder nicht gelernt haben, werden sie in Liebe aufgenommen. Dies geschieht nur, wenn alle Gesetze der freien Wahl misslungen sind. Dies geschieht auch zu eurer Vorsicht. Ihr geht in eine neue Dimension und zurück bleibt eine alte Dimension. Ihr werdet es spüren. Dies ist die letzte Möglichkeit, und nach aller Erkenntnis im JETZT, wird es nicht vonnöten sein.

Dann sind wir ja beruhigt.

Das große Sternenkollektiv beobachtet und liebt euch, für das, was ihr seid. Und es kennt und ehrt jeden Einzelnen von euch Menschenkindern, für das, was ihr erreicht habt. Wir sind so unterschiedlich strukturiert. Es ist eine so große Struktur des Dienens und Helfens. Wir alle beobachten und helfen. Nach dem universellen Gesetz dürfen wir niemals eingreifen. Darum bittet uns um unsere Hilfe. Nur so können wir helfen. Auch die großen Erzengel warten, um euch zur Verfügung zu stehen und es ist für uns immer ein großer Jubel, wenn ein Schleier gelüftet wurde und ein großer Kontakt hergestellt wurde. Öffnet eure Herzen und gebt all dies weiter. Lasst die großen Energien fließen durch eure Herzen.

In einem vorhergehenden Channeling erfuhren wir etwas von den Andromeda-Reisen? Was kannst du uns darüber berichten? Was ist Andromeda genau?

Es sind die großen Reisen innerhalb dieses wunderbaren Lebewesens. Es ist euch bekannt, als ein Nebel, aber es ist kein Nebel. Es ist ein Lebewesen! Meine Lieben, es sind Galaxien in Galaxien, große wunderschöne violett leuchtende Energien in diesem Lebewesen. Es finden große Reisen auf großen Lichtschiffen statt. Wisst dies, sie dienen auch des Heilens der großen links- und rechtsdrehenden Bewegungen. Viele Heilweisen werden durchgeführt, durch Links- und Rechts-Drehungen. In eurer physischen Welt wird sehr vieles durch Rechtsdrehung geheilt. Rechts ist die Aufhebung der dichten Materie. Links ist die Eingebung der dichten Materie in eurer physischen Welt. All jenes habt ihr auf diesen großen Reisen gelernt und gelehrt, denn Andromeda, dieses große Wesen, dreht sich. Es dreht sich links und es dreht sich rechts. Und es heilt damit ganze Galaxien. Ungeahnte Heilmöglichkeiten der Galaxien habt ihr gelernt und gelehrt auf diesen Reisen. Es war vonnöten, dass ihr diese Reisen zur Heilung ganzer Galaxien durchgeführt habt.

Ich mache mir gerade Gedanken, ob dies mit Polaritäten zu tun hat, irgendwie kann ich meine Frage nicht ausdrücken!? Ich entwickle die Gedanken gerade.

Es ist deine Intuition, sie spricht für dich. Es ist der große Ausgleich der Pole. Siehe, alles ist Magnetismus. Nimm diesen Magnetismus und drehe ihn in einer Linksdrehung und in einer Rechtsdrehung: Es ergeben sich Achsen und Pole. Diese Achsen und diese Polaritätsveränderungen können Galaxien heilen. Eure physische Erde durchlebt im Moment solche Achsdrehungen. Ihr nennt sie axiale Drehungen, nicht wahr? Axiale Drehungen, ganze Galaxien werden dadurch gereinigt und wieder neu geordnet. Dieses große wunderbare Lebewesen Andromeda heilt sie. Es ist eine der größten Heilerinnen der Galaxien. Ein großes violettes wunderschönes Lebewesen, meine Lieben. Es sind große mathematische und magnetische Kräfte und die großen galaktischen Gesetze. Und ihr habt sie gelernt.

Man kann also auch in der Heilung hier diese Polarität per Umkehrung anwenden?

Nein. Ihr müsst sie anwenden!

Das heißt alles, was sich links dreht, kann ich durch Rechtsdrehungen heilen? Es tut mir leid, wenn ich das so ungeschickt ausdrücke!?

Nein, mein Kind, es ist, wie es ist. Denn siehe: Du hast die Dinge erkannt. Aus diesem Grund hält die dritte Dimension, die axialen Drehungen nicht mehr aus, verstehst du? Die Polarität, sie wird nicht mehr ausgehalten, die dritte Dimension kann so nicht überleben. Aus diesem Grund ist eine große Veränderung vonnöten. Ihr nennt dies Transmutationsprozess. Er ist wichtig, denn die dritte Dimension kann dies nicht mehr aufnehmen. Ihr habt eine Veränderung, eine axiale Veränderung der Erde, die Polaritäten, wir sprachen bereits darüber. Die dritte Dimension kann dies nicht mehr lange tragen. Aus diesem Grund planen wir aus Liebe und aus Schutz eine eventuelle Evakuierung all jener, die nicht lernen möchten. Es ist ihre freie Wahl. Sie werden in Liebe aufgenommen werden. Dies geschah schon immer. Diesmal werdet ihr es sehen. Diesmal werdet ihr weiter sein. Alles geschieht aus Liebe. All jene, sie werden lernen. Und ratet, wer wird ihre Lehrer sein? Ihr habt die freie Wahl!

Und wie lange wird die dritte Dimension all dies tragen können?

Es ist eure freie Wahl. Doch es obliegt niemals *einem* Menschenkind, *eine Entscheidung darüber zu treffen*. Die Energien sie fließen und sehr viele werden nach Heilung bitten. Seid für sie bereit. Dies wird in eurer linearen Zeit eine Weile dauern, einige Jahre. Seid für sie da und es werden immer mehr werden. Es sind die axialen Verschiebungen, die die Veränderungen hervorrufen.

Haltet euren Körper der Inkarnation (Ätherkörper, Spiritualitätskörper) im Wachzustand, filtert das alte Wissen heraus und löst all das alte Leid auf. Dies benötigt ihr nicht. All das alte Leid, aller für euch vergangener Inkarnationen, ihr benötigt es nicht. Filtert es heraus. Filtert das Leid heraus. Vereinigt euch dann mit eurem alten Wissen, eurem höheren Selbst und vereinigt euch mit dem höheren Kollektiv. Dies bildet die Vereinigung all eurer höheren Selbste.

Wie schalte ich alle meine überflüssigen Gedanken aus?

Atme den großen Kosmos. Der Atem ist die Sprache des Vaters. Ihr kennt sie alle. Es ist der Atem. Lauscht eurem Atem und lauscht somit allem „Sein". Erfahrt in euch Welten in Welten, indem ihr auf euren Atem hört. Der Gedankenkörper wird in diesen Momenten weichen. Konzentriert euch nur auf den Moment des Atems. Hört auf euren Atem. Und in diesen Momenten werdet ihr Bilder sehen und hören. Schaltet diese Formen der unnötigen

Gedanken ab - nicht immer, nur wenn es angemessen ist! Es ist der Atem, hört, es ist der Atem der Quelle-allen-Seins und er schallt und ist synchron mit eurem Atem, mit eurem eigenen Atem und ihr atmet doch oder? Seht ihr, atmet und ihr seid angebunden. Atmet aber bewusst. Wir atmen bewusst. Oftmals schwirren in euch viele Gedanken, denn ihr habt die Gedankenformen selbst erschaffen, diese Form der Gedanken.

Ich werde mich nun zurückziehen, meine Lieben.

**Ich segne euch
mit der großen goldenen Christus-Energie
mit der Quelle ALLEN-SEINS.
Für euch und für uns Christus-Kinder
lasst es leuchten in euch
und um euch
lasst es leuchten in euren Herzen
und lasst es zu einer Sprache werden,
der Sprache der Liebe.
sie bedarf keiner Worte!
Wir kennen uns und werden uns wiedersehen.**

Erzengel Raphael

Heilform der Gnade

*Aus den Reichen des Lichtes und der Liebe
grüße ich euch meine Lieben
mit meinem siebten Strahl der Hoffnung und der Heilung
ICH BIN Erzengel Raphael.*

Euer ganzes Sein wird unterstützt und geschützt durch das große goldene Christusbewusstsein. Seht, es ist alles EINS. Auch EINS mit meinen Heilenergien. Im JETZT ist alles EINS. Wir werden euch im JETZT unterstützen mit unserem ganzen Sein. Sehr große Zeiten werden folgen. Auch Zeiten der Teilung. Denn wisst, alles in eurer physischen Welt befindet sich in Dualität.

Große Zeiten des Lichtes werden für euch folgen, aber sie bedürfen nun im JETZT der Heilung. Sie bedürfen auch Verständnis, des All-In-Eins. Die Gedanken eures gesamten Kollektives und auch eure eigenen Gedanken wurden angehoben. Sehr viele Menschenkinder fühlen sich deshalb in diesen Zeiten verwirrt. Aber eure Gedanken wurden angehoben. Sehr viele von euch leben *nicht* mehr in Gedanken von Krieg und Hass.

Und seht, dies wird dazu führen, dass ihr in der Lage sein werdet, noch immer weitere und höhere Energien aufnehmen zu können. Ihr werdet sie immer stärker aufnehmen und spüren, deshalb bedürft ihr im Moment auch der Heilung. Wartet und habt Geduld mit all denjenigen, die dies zurzeit noch nicht aufnehmen können. Es wird stattfinden. Der große Ausgleich der Frequenzen wird im Kollektiv stattfinden. Sehr viele, die dies noch nicht verstanden haben, werden den eigenen inneren Ausgleich suchen.

Gewiss, einige werden nicht auf den großen Ausgleich hören, ihn auch nicht anwenden. Auch werden sie auf den kleinen Ausgleich der Frequenzen innerhalb ihres Körpers nicht hören. Handelt immer stets in Liebe, denn sie haben immer die freie Wahl. Sehr viele Frequenzerhöhungen werden folgen. Das große Christusbewusstsein erwacht, schritt für Schritt.

Und deshalb bedarf es für euch alle der Heilung. Lasst uns über die großen Formen der Gnade sprechen. Seht und erkennt: Sehr vieles, meine Lieben, bedarf der Gnade. All jene, die erkennen, die das große Christusbewusstsein erkennen, dieses große leuchtende goldene Licht, diese Erkenntnis führt zur Gnade, zur Heilform der Gnade. Doch zunächst ist es für euch Menschenkinder von großer Wichtigkeit dies zu verstehen. Die Gnade erfahrt ihr durch das große Christusbewusstsein. Durch die Veränderung der Gnade, werdet ihr verstehen, dass ihr ein Teil dieses großen Christusbewusstseins seid. Seht, meine Lieben, sehr wenig Menschenkinder können dies zurzeit in diesen Frequenzen aufnehmen.

Doch sie werden es Schritt für Schritt aufnehmen und die Heilform der Gnade kennen lernen. Ihr werdet es alle verstehen. Es sind große silberne Kräfte, Frequenzen und Strahlen. Sie fließen bereits. Sie ermöglichen es euch, alle Formen der Verstrickungen zu heilen und zu löschen. Alles, was ihr in vergangenen Inkarnationen erlebt habt, alle alten Formen, Muster und Karma sowie eure Erkrankungen werden mit diesen Kräften geheilt und ausvibriert.

Doch zunächst erkennt selbst und lasst alle Menschenkinder erkennen, die Erkenntnis des großen Christusbewusstseins. Es ist eine so unglaublich große Kraft. Sie hat sich bisher niemals in eurer physischen Welt so materialisiert. Es ist der Christus in allen Menschenkindern. Dies ist euer großes Kollektiv. Das Christusbewusstsein ist in euren Herzen. Diese Energie ist in euren Herzen. Erkennt und materialisiert sie in eurer physischen Welt. Erkennt dieses Bewusstsein und ihr werdet die Heilformen der Gnade erkennen, erfahren und daraus erwachsen. Sehr viele Menschenkinder werden sich verändern und sehr vieles in eurer physischen Welt. All jene, die dieses große Bewusstsein erkennen, werden danach handeln. Sie werden mit Liebe auf der Herzebene handeln. All jene, die dies noch nicht erkennen, werden sehr viel lernen. Ihr habt die freie Wahl. Im kollektiven Christusbewusstsein werden die Formen eurer Erkrankungen nicht mehr sein. Es ist eure freie Wahl.

Um euch zu helfen, all dies zu erkennen, werden sehr viele Heilformen benötigt. Ebenfalls werden sehr viele Menschenkinder benötigt, die bereit sind, diese Formen der Heilung weiter zu geben. Es wird für euch eine große Zeit des Umbruchs kommen. Innerhalb dieser Zeit des Umbruchs werden auch eure Ärzte einige Dinge nicht mehr verstehen. Sehr viele Menschenkinder werden mit dieser Form der Gnade geheilt werden. Diese hohen Heilformen werden *greifen* und ihr werdet sie verstehen, sie *be-greifen*.

Handelt stets nach diesem großen und hohen Gesetz der Erde: Ihr habt die freie Wahl. Jedes Menschenkind hat die freie Wahl zu erkennen, zu lernen und geheilt zu werden. Nur durch das Lernen könnt ihr die Bemeisterung erlangen. Darum handelt in Liebe, erkennt eure freie Wahl und Möglichkeiten. Akzeptiert in Liebe die Entscheidungen anderer Menschenkinder, denn sie haben auch die freie Wahl. Ihr werdet alle Dimensionen öffnen können. Ihr werdet alles sehen können und ihr werdet sehr viele auf anderen Dimensionen heilen und lehren.

Eure physische Welt geht durch diesen Weg und erkennt dies. Gewiss ist dies ein sehr großer Lernprozess und er trägt die Bürde. Lasst euer symbolisches Kreuz zum Kreuze werden. Geht und handelt danach. Heilt und erkennt das große Licht. Ihr werdet auf Dimensionen lehren, denn ihr habt alle die Bürde getragen, wart so weit vom Licht entfernt und habt zum Licht zurückgefunden. Ihr werdet sie alle lehren können.

An alle Heiler: Nur wenn ihr selbst heil seid, könnt ihr auch Heilung weitergeben. Darum erkennt euren Lichtmantel. Und all jene, die der Heilung bedürfen und das Licht nicht erkannt haben, werden es an anderen erkennen, denn diesen Lichtmantel tragen nur hohe Lehrer und Meister. Findet komplett zu eurem großen hohen Kollektiv und zu eurem eigenen Überselbst zurück. Dies ist euer aller Vertrag, ihr habt ihn erwählt. Haltet eure Herzen für euch und alle anderen offen, folgt euren Herzen und lasst euch von eurem Herz führen. Lasst eure Herzen scheinen für alle Menschenkinder. Wir werden euch stets an eure Verträge erinnern. Ihr Menschenkinder habt die freie Wahl zwischen Trennung und Zusammenkunft. Seht, eure physische Welt hat so viele Ausdrucksformen. Es ist eure freie Wahl...

Ich segne euch mit meinem siebten Strahl der Hoffnung und der Heilung.

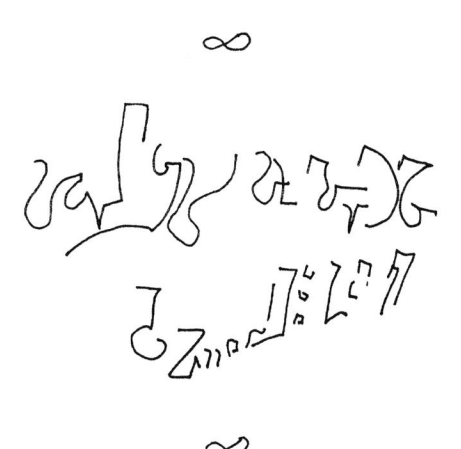

Saint Germain

**Die Illusion des Todes
und über die Umkehrung der 666
in die 999 zur Aktivierung aller
zwölf DNA-Ketten in uns**

Auszug aus einer Gruppendurchsage:

Frage: Du hattest in unserer letzten Durchsage von den Ängsten der alten Atlanter gesprochen. Ich hatte daraufhin gechannelte Durchsagen von Kryon gelesen. Kryon berichtet über einen Erneuerungs- und Verjüngungstempel auf Atlantis und dass wir aus den daraus entstandenen langen Lebenszeiten mit dem Tod belohnt wurden.

Wir würden den Samen der Ängste in uns tragen, es handelt sich dabei um die fundamentalste Angst der Lehrer und erleuchteten Menschen, die sich zum jetzigen Zeitpunkt auf der Erde befinden. Es ist die Angst vor Erleuchtung und die Angst geheilt zu werden und ein Heiler in der neuen Energie zu sein.

Welche Hilfe kann ich von dir oder Spirit erhalten, um dieses Geschenk voll und ganz annehmen zu können, ohne dass mein Körper oder EGO rebelliert?

Eine sehr weise Frage! Die große Wesenheit, sie war schon ein paar Mal bei euch. Der Ausgleich der Energien wird stattfinden. Es ist das große, lichte Gitter um euer Erdenfeld. Zunächst zu deiner Frage: Es gab sehr viele Tempel auf Atlantis. Ich spreche über den der Heilung und des Ausgleiches. Das damalige große Erdgitterfeld hatte sehr starke Frequenzen. Ihr habt in Atlantis stets mit großen Kristallen gearbeitet und ihr bekamt sehr viele Hilfe auch von anderen Zivilisationen.

Die großen Priester waren die Hüter der Kristalle und waren sich der hohen Anbindung bewusst. Alle waren sich auch darüber im Klaren, wie hoch die Kräfte der Kristalle sind. Sie sind es auch heute noch. Doch die großen grauen und speziell die kraftvollen schwarzen Kristalle wurden von ihnen missbraucht. Alle eure Gedankenkräfte fangen sich auch im JETZT in eurem Erdgitterfeld. Das damalige Erdgitterfeld war nicht auf Lichtträger (meint wahrscheinlich Chakren) sondern auf die reine Form der Kristalle ausgerichtet. Alle Gedankenformen vereinten sich in den großen Kristallen.

Ihr wart in der Zeit von Atlantis befähig, eure Gedanken in die großen Kristalle einzugeben und konntet damit sehr vieles bewirken. Dies diente ausschließlich eurem Lernen. Sehr viele große Priester wurden von Zivilisationen von außen verführt. Es war die große Zeit des Erkennens der dichten Materie und die Atlanter verstrickten sich in große Kämpfe. Ihre Gedanken waren nicht mehr gut und wurden in die Kristalle eingebracht. Dies führte zu großen, sehr großen Explosionen.

Diese Wesenheit (Kryon) musste ein neues Magnetgitter erstellen, denn die Disharmonien waren zu groß. Ein großes, sehr großes Gesetz des Vaters ist: Keine physische Kraft darf jemals das Lebewesen Erde zerstören. Das Magnetgitter wurde verändert und viele von euch haben das kristalline Wissen vergessen.

Es wird nun in euch durch das neue Erdengitter aktiviert. Ihr seid und wart niemals schuld und ihr tragt die Schuld _nicht_ in euch! Es war eine Ausdrucksform und ein Wunsch von euch, dies zu erfahren. Ihr lebt nach dem großen Gesetz der freien Wahl. Mein Sohn, früher auf Atlantis kamt ihr in den großen violetten Tempel des Ausgleiches. Sehr viele Helfer waren in diesem großen Tempel. Bei jeder Form der Disharmonie kamt ihr freiwillig, um den Ausgleich zu empfangen und deshalb gab es keine Ausdrucksformen von Krankheit und Tod.

Viele von euch waren Heiler und ihr habt sie ausgeglichen. Doch ihr tragt immer noch die alte Kollektivschuld des „Versagens" in euch. Diese Ausdrucksform wurde in der mittleren Zeit (Mittelalter) verstärkt. Löst sie **jetzt** auf! In Atlantis wart ihr alle in der physischen Form an die Quelle-allen-Seins angebunden und euch über eure Inkarnation voll bewusst. Sehr viele Schleier kamen nach der Zerstörung von Atlantis.

Nun haben wir große Zeiten! Es ist die Zeit des „Wiedererwachens" und Beendigung des Schleiers! Es ist *nicht* die Zeit der „Wiedergutmachung"! Es ist die Zeit des Heilens, mein Sohn. Wendet die Heilformen an, so wie damals, so auch im JETZT, denn ihr seid im JETZT. Es gibt nicht damals und es gibt nicht heute, dies existiert nur in eurer linearen Zeitvorstellung. Heilt im JETZT alle! Aktiviert euch und euer altes Heilwissen, verbindet euch mit eurem höheren Selbst, doch wisst dies: Es ist keine „Wiedergutmachung"! Es ist das Teilen, denn sehr viele Menschenkinder bedürfen der Heilung und des Ausgleichs. Nun ist die Zeit der Aktivierung und ihr spürt es bereits und der Tod, du sprachst darüber, er wird nicht mehr sein!

Es sind eure Gedanken, ich spüre sie. Erkennt die Illusion! Wisst dies: Es ist der Verstand, der es euch lehrt. Es ist nicht das Licht, das es euch lehrt. Erkennt dies aus der großen Numerologie: Euer Verstand trägt dreimal die Zahl 6 (666). Dreht sie nun herum! Dann habt ihr dreimal die Zahl 9 (999)! Dreimal die 9 eröffnet für euch die Schöpfung und vollkommene neue Schöpfungen! Diese Schöpfungskraft aktiviert eure physische DNA-Spiralen!

Ihr habt zwölf dieser Spiralen und die Deaktivierung der zehn Spiralen diente dazu, dass ihr erkennt, dass Tod und Krankheit eine Illusion sind! Ihr wolltet dies erfahren. Die 999, die große Schöpfungszahl, aktiviert die Dritte. Diese führt euch durch so viele Prüfungen. Besteht sie und die Dritte aktiviert wiederum die Vierte. Diese führt euch durch viele Lernprogramme bis hin zur Aktivierung aller zwölf DNA-Spiralen.

Der Tod wird dann nicht mehr sein und ihr werdet alle erkennen, dass der Tod und alle eure körperlichen Unpässlichkeiten Illusionen sind.

Gewiss, dies war sehr viel, doch mein Sohn nimm dies für dich auf und nehmt dies für euch auf.

Durchsteht alle eure Prüfungen, denn sie dienen eurem Lernen und zur Erkenntnis eures Verstandes. Sehr vieles ist doch sehr oft eine Illusion für euch gewesen, nicht wahr? Wie oft ging es euch schon so? Erkennt es!

Ich gebe euch eine Gleichung aus der großen Numerologie:

Erkennt euren Verstand als dreimal die 6 (666) und erkennt die Schöpfung des Alles-In-Allem in euch, indem ihr die Zahl herumdreht zur (999). Dreht euren Verstand um in euer Herz und denkt mit eurem Herzen und fühlt mit dem Verstand. Dies ist der Umkehrprozess in euch. Versteht diese Gleichung, dann wisst ihr, wovon ich spreche. Oh, ja, ihr werdet euch dann verjüngen.

Der Weg führt euch durch so viele, viele, viele Prüfungen. Sie machen euch stark, denn ihr werdet große Lehrer werden. Diese Prüfung, den Verstand in das Herz zu integrieren, ist nicht leicht, es ist die Bemeisterung!

IHR habt es EUCH vorgenommen. IHR habt die freie Wahl!

Dies ist die neue Botschaft und sie wird über die gesamte Welt übertragen, achtet darauf!

Ich segne euch mit meiner violetten Flamme der Transformation.

Sananda
Die Kraft der neuen Energien

*Aus den Reichen des Lichtes und der Liebe grüße ich euch
meine geliebten Kinder des Lichtes.
ICH BIN Sananda, das liebende Herz.*

Meine lieben Kinder, es kommen große, sehr große Zeiten auf euch zu. Sehr viele Dinge, sie sind vollbracht worden und ihr erfahrt nun große neue Energien. Sehr vieles wurde für euch ermöglicht. Seht und wisst: Dies erfordert die große Transformation in euch. Ihr seid die Träger des Lichtes, ihr tragt das große Licht in euch, meine Lieben. Lebt dieses große Licht in euch, gebt es weiter, erkennt es und lasst es überschwappen, lasst es überschwappen in eure gesamte physische Erde!

Ein weiteres ist wichtig, meine Lieben. Es ist der große Ausgleich.

Verbindet euch mit dem Licht, verhandelt nur mit dem Licht. Verbindet all eure Körper mit dem Licht. Die großen Energien, sie sind vollbracht und sie fließen bereits. Lasst sie fließen in euer ganzes Sein. Verbindet euch mit eurem lichten Körper. Erfahrt die Erde, dieses wunderbare Wesen und erfahrt den großen Ausgleich der neuen Energien in euren Körpern. Bittet um den Ausgleich. Erkennt dies und gebt all dies weiter. Gebt all dies weiter an jene, die den großen Ausgleich suchen.

Nehmt euch Zeit, für den großen Ausgleich.
Eure lineare Zeit, meine Lieben, sie rast ins Licht.
Dennoch nehmt euch Zeit.

Lernt, mit eurem Herzen zu denken, lernt, das Licht in euren Herzen zu bewahren.
Lernt mit euren Herzen zu denken und spürt mit eurem Verstand.

Seht, ICH BIN Sananda, ICH BIN das große liebende Herz. Ich spreche zu euch.
Lernt, mit euren Herzen zu denken und all die Liebe und Energie aufzunehmen in eure physische Körper. Ja, es bedarf der Transformation und es bedarf des Ausgleiches.

Öffnet euch und vertraut auf die großen neuen Energien. Sie fließen aus einer großen Quelle. Und in jedem Herzen seid ihr ein Teil dieser großen Quelle. Wisst dies, ihr seid ein Teil von uns und wir sind ein Teil von euch. Wir sind bei euch.

Stellt mir eure Fragen, denn jede eurer Fragen bringt euch einen Weg weiter auch für die große, neue Zeit.

Ich würde gerne meine erste Frage stellen, und zwar, ob du der Gruppe etwas noch erklären könntest. Du sprichst von dem großen Ausgleich und von den neuen Energien. Könntest du es etwas erklären für die, die es nicht kennen?

Die großen Energien, seht sie als einen großen Umbruch. Sehr vieles ist geschehen. Ihr seid so weit, um lehren zu können. Ihr seid so weit, um all jene lehren zu können, die das Licht des Vaters suchen.

Ihr habt sehr viel Hilfe von überall um euren Planeten. Ihr habt so viele Lichter und ihr werdet sie zu gegebener Zeit alle wiedersehen. Ihr nennt sie Lichtschiffe, nicht wahr? Es sind große Lichter und sie sind alle da. Wir sind bei euch. Ihr habt ein großes, neues, kristallines Erdgitternetz und ihr werdet erkennen das große Netz, es ist vollbracht.

Es sind Veränderungen und Angleichungen der Frequenzen in euch vonnöten.

Ihr bekommt große Hilfe. Ein großer Lichtkreis bildet sich und er fokussiert die große kristalline Energie. Ihr ernährt euch von dieser großen kristallinen Energie, sie wird verstärkt durch das neue große Gitternetz der Erde. Es wird übertragen auf die Erde und in eure physischen Körper. Diese großen kristallinen Energien sind von der Frequenz sehr stark, deshalb, bittet um den Ausgleich, bittet um den großen Ausgleich für euren Körper und ihr werdet immer mehr die großen Energien spüren. Es sind Anpassungen an euren physischen Körper.

Diese Energien dienen auch der Heilung. Ihr, meine Lieben, gebt diese Energie weiter. Dies ist, was geschieht im JETZT.

Integriert diese Energien in eure Herzen und in euer ganzes Sein und alles wird gehen. Keine Kriege und keine Unpässlichkeiten werden sein, denn sie werden geheilt.

Denkt mit euren Herzen und filtert die großen Energien in eure Herzen.

Ihr könnt alle Menschenkinder lehren. Lehrt sie.

Ihr könnt alle Menschenkinder heilen. Heilt sie.

Gebt dieses Wissen weiter!

Ich habe eine Frage, es beschäftigt mich im Moment sehr. Ich habe seit einiger Zeit einen starken Ohrendruck, was Schmerzen verursacht. Es bedrückt mich. Sind es gute oder schlechte Energien, die auf mich einwirken oder ist es eine Form des Heilens?

Mein liebes Kind, ich grüße dich! Habe keine Angst, spüre keine Form der Angst in dir. Siehe, es sind sehr viele Veränderungen zurzeit, nicht wahr? Ist es nicht so, dass alles immer feiner wird? Ist es nicht so, dass du all dies aufnimmst? Siehe, bitte um den großen Frequenzausgleich. Es sind Anpassungen an höhere Energien, um all dies aufzunehmen. Vertraue aus deinem ganzen SEIN und höre, was du empfängst aus deiner Umgebung. Höre, was du empfängst aus dem großen Kosmos.

Denn siehe, ein Teil von dir lebt in ständiger Anbindung. Gleiche die Frequenzen der Erdenergien und die neuen Energien des Kosmos in deinem Körper aus und die Unpässlichkeiten, sie werden gehen. Auch die Formen der Kopfschmerzen werden gehen und die Formen, du nennst dies „Druck", werden gehen. Höre auf deine innere Stimme, sie wird immer lauter! Höre auf sie! Höre! Für diese Stimme benötigst du keine Ohren! Benutze deine Ohren für das Außen, höre den Menschenkindern bewusst zu! Heile sie, das Herz, auch dein Herz heilt. Das Wort heilt und Hände heilen. Sage dir: ICH BIN, die ICH BIN. Arbeitet alle mit eurem ICH BIN-Bewusstsein. Es ist der Schlüssel, der tiefe Schlüssel eures Seins. Bringt das Licht in die Welt!

Sananda, ich habe auch eine Frage. Mein Bekannter behauptet ich sei besetzt. Was kannst du mir dazu sagen?

Keine Zerrissenheit mehr! Mein Kind du bist nicht besetzt. Dies mein Kind ist eine weit verbreitete Illusion unter euch Menschenkindern! Die Dualität lehrt euch die Auffassung der Besessenheit. Gewiss, es ist sehr traurig, dennoch ist es für uns sehr lustig zu sehen, kein Licht kann besetzt sein! Könntest du es nur mit meinen Augen sehen. Ihr seid alle so wunderbare goldene Engel. Ihr schillert in allen Facetten und Farben und Stärken und keiner ist gleich. Keine Tränen mehr, mein Kind, lass all dies aus dir heraus und heile die Zerrissenheit deiner Seele! Mein liebes Kind des Lichtes, trage das Licht in dir, lass es scheinen und wisse dies: Du bist ein Teil von uns - ihr alle seid ein Teil von uns.

Ich habe auch noch eine Frage. Ich habe verstanden und auch mein Vertrauen ist gewachsen, dass ich in der Stille meine innere Stimme hören kann. Aber ICH BIN noch nicht so weit, dass ich sie laut und deutlich höre und auch fehlt mir wie all den anderen mehr Klarheit für meine nächsten Schritte. Kannst du mir da helfen? ICH BIN ja auch nicht mehr so ganz jung. Siehst du etwas für mich?

Siehe, mein Kind, ihr nennt das Alter? Sehr lustige Vorstellung! Eine sehr lustige Vorstellung! Im Vergleich zu was, 900 Jahre? Ich werde 900, in Freude 900 Jahre! Sage dir das und du wirst erkennen, welche Kraft hinter diesen Worten steckt. Ja mein Kind, wir sind bei den Worten. Ihr werdet erkennen, welche Kräfte sie in eurer linearen Zukunft haben! Verbindet euch und verbinde dich mein Kind mit deinem lichten Körper. Sende sehr viel Licht in diese Verbindung. Verbinde deine Chakren mit den Chakren deines lichten Körpers. Lass es fließen. Höre auf die feine Stimme. Oh ja, dies erfordert Geduld! Es erfordert Hingabe. Rufe und spreche mit deinem Überselbst. Es gibt Zeiten in eurem Leben, da ist euer Überselbst euer bester Freund auf Erden.

Glaubt mir dies, wir sind immer bei euch. Verbindet euch, mit der Sehnsucht eures Überselbstes. Ihr werdet zunächst vermuten, es sind Gedanken. Ihr werdet spüren, es ist euer Herz. Darum denkt mir eurem Herzen und spürt mit eurem Verstand. Lauscht auf diese feine Stimme. Sie liefert euch euer höchstes Wohl. Dies erfordert Geduld, nicht Zeit.

Dein spiritueller Weg ist das Heilen durch Worte, das Heilen durch Taten. Du wirst dich auch immer mehr für das Heilen mit Klängen interessieren, auch für das Heilen mit deinen Händen. Es sind sehr starke Heilhände. Arbeite mit diesen Heilformen, es ist dein spiritueller Weg. Habt alle Geduld, sie werden kommen, denn die Energien, sie fließen bereits. Je stärker sie fließen, desto mehr Menschenkinder werden euch aufsuchen. Es wird geschehen. Nennt dies eine Vorbereitungszeit. Ihr nennt dies die Ruhe vor dem Ansturm.

Achte auf diese feine, feine Stimme, sie liefert dir so vieles. Auch die äußeren Umstände in deinem Umfeld. Sie fließen ineinander über. Du lernst Prioritäten zu setzten. Auch sie werden fließen. Sie können aber nur fließen, wenn du sie aus deinem ganzen SEIN erkannt hast. Denn nur, wenn sie aus deinem ganzen SEIN fließen, hast du auch das Vertrauen dazu.

Du wirst sehr viel über Heilformen erfahren - ihr alle, aber eine der wichtigsten Heilformen sind eure Worte, Gedanken und eure Heilhände. Im Moment ist die stärkste Heilform der große kosmische Ausgleich. Ihr werdet noch sehr vieles darüber erfahren. Auch eure Wissenschaftler erfahren im Moment sehr vieles und sehr viele Wissenschaftler habe ihre Meinung geändert. Oh, ja! Sie werden immer wichtiger werden, aber dies ist eure freie Wahl!

**Meine geliebten Kinder des Lichtes,
bringt das Licht in eure physische Welt
verteilt es und lasst es leuchten,
lasst es leuchten in euren Herzen
Ich segne euch.**

Spürt die Segnung in euren Herzen!

Erzengel Michael

Was ist ein Lichtträger?

*Aus den Reichen des Lichtes und der Liebe
grüße ich euch, meine Lieben.
ICH BIN der Hüter des Schwertes
von Glauben und Vertrauen,
Wahrheit, Klarheit und des Mutes.
ICH BIN Erzengel Michael.*

ICH BIN der Bringer des Lichtes. Seid gesegnet und geschützt. Ruft oder denkt an meinen Namen und ich werde bei euch sein, jederzeit.

Was ist ein Lichtträger?

Ein Lichträger ist ein Lichtarbeiter.

Ihr seid die Lichtträger.

Geht weise damit um!

Ein Lichtträger lebt die großen Energien.

Ein Lichtträger hat darin eingewilligt.

Ein Lichtträger bringt diese Energien in
die physische Welt, die irdische Welt.

Ein Lichtträger bringt das Licht
dahin, wo wenig Licht ist.

Ein Lichtträger benutzt liebende Worte:
Worte heilen, Worte senden Liebe.

Ein Lichtträger lehrt und heilt
all jene, die das Licht suchen.

Ein Lichtträger gibt die Liebe weiter.

Ein Lichtträger lebt in Verbundenheit mit der Erde.

Ein Lichtträger lebt nach dem Gesetz der
freien Wahl für jedes Menschenkind.

Ein Lichtträger öffnet sein Herz und seine Gefühle.

Ein Lichtträger hat große Aufgaben.

Ein Lichtträger wird an seinem Herzen erkannt.

Seht: Gleiches und Gleiches zieht sich an,
ihr Lichtarbeiter versammelt euch nun!

Wir sind bei euch, jederzeit.
Wir schützen und leiten euch.

Habt daher keine Angst.

Lebt im Glauben und Vertrauen,
in Wahrheit, Klarheit und im Mut!

Öffne dein Herz für die Liebe.

Öffne dein Herz für alle Gefühle.

Öffne deinen Verstand, um all dies zu erspüren.

Habe Glauben an dein großes Herz!
Habe Vertrauen zu der Liebe in deinem Herzen!
Lass fließen die Wahrheit, Klarheit durch dein Herz.
Habe Mut für deine Herzentscheidungen!

Es ist eine große Sehnsucht in euren Gefühlen.
Lasst euch von euren Herzen führen.
Lasst die Liebe zu!
Gleiches und Gleiches zieht sich an.
Die Herzenergien ziehen sich an.

Sie manifestieren sich, ihr nennt es einen
Herzenswunsch, ich aber nenne es Manifestierung.

Diszipliniert euch!
Diszipliniert euch für den täglichen Ausgleich
der Frequenzen in euch.
Lasst fließen Glauben und Vertrauen, Wahrheit, Klarheit
und lebt im Mut!

Arbeitet stets mit großer Freude und dies
kann man nur mit der Herzensfreude.

Du, Lichtträger, gib das Licht weiter, wo immer du bist!

Ich segne euch.

Zirkana

Die kristallinen Energien und die Plejaden

*Aus den hohen Ebenen des Lichtes
und der bedingungslosen Liebe grüße ich euch
meine geliebten Kinder des Lichtes.
ICH BIN Zirkana.*

ICH BIN bei euch jederzeit. Zu allen Zeiten war und bin ich bei euch. Ihr erfahrt große neue Zeiten. Ihr erfahrt eine vollkommen neue physische Welt. Ihr seid im Begriff alles dies nun zu kreieren und zu manifestieren.

Hört und wisst dies:

Die Kraft eurer Gedanken ist so stark. Ihr manifestiert euer Licht, all jenes, was wir euch zur Verfügung stellen. ICH BIN Zirkana, ein hohes Ratsmitglied der Plejaden. Es gibt viele Dimensionen, die ihr nicht erfassen könnt. Die großen Energien der hohen Dimensionen des LichtEs werden fokussiert. Es sind hohe Formen des Lichtes. ICH BIN in Schwingung mit Erzengel Michael. Wir sind eine große Gruppe, führen und leiten alle diese Energien. Geht weise mit den großen Energien des Vaters um. ICH BIN EINS mit dem Vater. Wir alle sind EINS mit dem Vater. Meine Schwingungen enthalten auch die großen goldenen Schwingungen des Christusbewusstseins. Jener Teil in uns ergänzt diesen Teil in euch, die Christusenergie. Viele Energien werden fokussiert durch uns.

Ich gebe euch ein Bild:

ICH BIN Leiter und Lenker durch das große Gruppenbewusstsein dieser neuen Energien. Wir sind so viele und wir helfen euch. Auf euren physischen Ebenen ist meine Ausdrucksform und Schwingungsform „Zirkana". Wir helfen euch, wo immer wir sind. Es gibt neue Aktivierungen. Viele Tore werden geöffnet und ihr benötigt nun neue Formen des Lichtes. Eure physische Welt benötigt Heilung. Auch eure Gedankenmuster bedürfen der Heilung.

Versteht dies: Der Zeitpunkt des großen Planes ist gekommen. Verstärkt eure Energien und erkennt diese hohen Energien. Ihr erhaltet alle Hilfen von uns. Vereinigt euch mit all diesen neuen Energien und versteht sie. Es sind Ausdrucksformen der hohen Dimensionen. Es sind Ausdrucksformen des Vaters. Er ist überall. Ihr seid ein Teil von uns. Ihr seid ein Teil des Ganzen. Übernehmt nun die Verantwortung, für eure Aufträge und Verträge. Diese, unsere Energien stehen euch zur Verfügung und sie dienen der Manifestationen und werden daher kristalline Energien genannt. Es sind verschiedene Möglichkeiten der Manifestationen. Hohe Formen der kristallinen Energien manifestieren lichte Formen. Ihr nennt es ätherische Bereiche.

Es gibt nun eine Trennung zwischen der festen Form der dichten Materie und der ätherischen Bereichen. Es liegt in eurer Entscheidung, in welche Formen ihr übergehen werdet. Die kristallinen Energien stehen euch in allen Bereichen zur Verfügung, sowohl im ätherischen als auch in der festen Materie. Nutzt sie in der festen Materie stets für die Heilung. Eure physische Welt wird sich in einer angemessenen Zeit teilen. Bei dieser Teilung werden all jene kommen, die nach Heilung und Wissen fragen. All jene werden kommen und sie werden von euch geheilt und gelehrt. Ihr seid der Planet der freien Wahl. Es ist eine neue Gitterform auf eurem Planeten erschaffen worden und sie dient für die neuen Ausdrucksformen des Mutes und der Heilung. Erkennt die neuen Zeiten, kreiert eure Zukunft!

Viele große alte Meister sind bei euch. Sie lehren euch die Transformation und die Liebe, die bedingungslose Liebe. Alle Erzengel sind bei euch. Erkennt nun die Teilung zwischen dichter Materie und den feinstofflichen, ätherischen Bereichen.

Erkennt die Teilung! Es teilt sich viel und es geschieht alles in Liebe. Habt keine Angst. Versteht und glaubt an die große bedingungslose Liebe. Lebt die bedingungslose Liebe und kreiert in diesen Ausdrucksformen. Erkennt das große neue planetarische Gitter. Es sind große Möglichkeiten. Es ist erbaut.

Erkennt dies: Ihr seid die Empfänger für alle Energien, die wir fokussieren. ICH BIN ein Teil von einer großen Gruppe, die euch all dies zur Verfügung stellt. Kreiert nun kraft eurer Gedanken und manifestiert.

Wir beobachten noch sehr viele Verstrickungen. Ihr seid Lichtträger. Erkennt dies. Viele Menschen haben in diesem Plan zugestimmt. Sie haben früher als andere erkannt und sind zur rechten Zeit zu einem Sender und Empfänger des Lichtes geworden.

Ihr seid alle Lichtträger und Lichtarbeiter. Nur einige Menschen haben dies früher erkannt. Viele werden kommen und um Hilfe, Wissen und Heilung bitten. Ihr seid die Lichtträger, helft ihnen! Nur einige Menschen haben dies in eurer Zeit erkannt. Wir beobachten dies im "JETZT". Euer Zustand des JETZT hat noch viele Verstrickungen. Transformiert all diese Verstrickungen und helft sie zu heilen und zu transformieren.

Ihr seid alle aufgerufen, all dies weiterzugeben. Wir beobachten auch eure alten Gedankenmuster. Diese werden zu Erschütterungen führen. Haltet zusammen, haltet die Menschen zusammen. Viele neigen dazu, sich den großen Illusionen der dichten Materie hinzugeben. Vertraut nur dem Licht. Vertraut nur dem Licht. Licht nährt euch. Licht versorgt euch. Die Liebe des Vaters ist so groß. Auch wir verstehen es, ihr tut euch oft noch sehr schwer. Ihr seid auf einer freiwilligen Basis so weit vom Licht entfernt. Es ist eine Dimension, eure Dimension, für die ihr gekommen seid. Ihr manifestiert das Licht des Vaters in Bereichen, in denen es wenig Licht gibt.

Manifestiert das Licht in eure Dimension und viele Reisen in die Dimensionen werden folgen. Ihr habt dann das Privileg dazu, auch wieder auf der Erde in ätherischer Form zu reisen. Dieser Weg geschieht durch eure Transformation, es ist die Ordnung der Unordnung.

Die Transformation ist eine Ordnung von dem, was ihr dunkel nennt, wieder in das Licht. Wir helfen euch dabei. Ihr seid manifestiertes Licht. Manifestiert es nun in die physischen Ebenen und erkennt es!

Nun kommen die großen Formen der kristallinen Energien. Nutzt sie zur Heilung und erschafft auch mit ihnen zu einem späteren Zeitpunkt kraft eurer Gedanken Lichtstätten. Ja, ihr werdet Lichtstätten mit diesen Energien im ätherischen Bereich erschaffen. Doch zunächst lernt die Verantwortung. Mit diesen Energien erschafft ihr eine Erde, die ihr das Paradies nennt. Wir sehen bereits dieses Paradies, aber wir sehen auch noch eure Verstrickungen und Verwüstungen.

Heilt die Erde durch eure Gedanken und Manifestierungen. Ihr besteht aus so viel Licht, geht weise damit um. Im ätherischen Bereich hat eure biologische Hülle große Lichtpunkte. Es sind viele kleine verwobene Fäden um diese Lichtpunkte (Formen der Meridiane). Es sind viele kleine verwobene Fäden und sie werden aktiviert.

Das Licht in euch wird aktiviert durch die großen kristallinen Energien. Sie werden verstärkt und verteilt durch das Gitter. Ihr seid die Verstärker, Sender und Empfänger. Ihr, die dies versteht, habt es geschafft. Doch viele Menschen ertragen die Lichtpunkte und die Stärke der Frequenzen des Lichtes noch nicht. Sie werden erkranken. Heilt sie.

Einige von euch wehren sich gegen das Licht. Heilt sie. Ihr verteilt die kristallinen Energien. Heilt auch durch eure Worte. Heilt über Worte, eure Hände und Gedanken. Heilt alles mit Licht. Helft ihnen, sich an das große Magnetgitter anzupassen, doch vergesst nicht, euch selbst diesen Frequenzen des Lichtes anzupassen. In den hohen Ebenen des Vaters schwingt alles in einer göttlichen Harmonie. Es gibt keine Disharmonien.

Mit den kristallinen Formen des Lichtes heilt ihr die alten Grundformen, alte Glaubensmuster und Verstrickungen. Heilt all dies zunächst bei euch und gebt es weiter. Die großen Energien fließen. Sie fließen immer stärker. Einige Menschen werden sich dagegen wehren. Sie werden alle erkennen. Sie halten an den alten Glaubensmustern fest. Sie werden lernen. Wir finden Möglichkeiten für sie. Ihr seid eingeladen, sie alle zu lehren. Das Licht aller Menschen, euer Licht leuchtet immer größer.

Viele Menschen werden in ätherische Bereiche übergehen. Ihr könnt es euch zum größten Teil nicht vorstellen, dass ihr manifestiertes Licht seid. Ihr werdet es wissen. Ihr werdet es materialisieren und in der Lage sein, es zu dematerialisieren. Ihr werdet für manche Menschen eine Art Erscheinungen sein. All eure Lichtpunkte und eure biologischen Hüllen werden so groß leuchten, dass viele Menschen, die in den alten Mustern leben, sich wundern werden.

Habt keine Angst, sollten die Disharmonien zu stark sein, gibt es für alle Entscheidungen andere Daseinsformen. Alle Planeten haben ein großes Gitter, angemessenen an die Schwingung der Bewohner. Auch die Plejaden haben ein planetarisches Gitter. Ihr könntet nicht überleben, ohne dieses Gitter. Euer Planet ist nun ausgelegt für höhere Formen.

All jene, die nicht lernen wollen, werden nun lernen. Aber sie haben stets die freie Wahl. Helft ihnen. Hüllt sie in das göttliche Licht und die Liebe des Vaters. Transformiert eure eigenen Dinge. Geht den Weg der Transformation und der Veränderung eurer physischen Körper. Habt Vertrauen! Es ist ein lichtvoller Weg, geht diesen Weg in Liebe und Vertrauen.

**Ich segne euch mit den hohen kristallinen Formen
der hohen Ebenen des Lichtes und der Liebe.**

Die Botschaft von Christus

Die Antwort auf alle eure Fragen

*Gott zum Gruße meine Lieben.
Ich grüße euch aus den Reichen
des Lichtes und der Liebe
ICH BIN, der ICH BIN*

Es kommen große Zeiten für euch! Eure Fragen und die Antworten, sie sind wichtig. Vieles wird geschehen. Viel Hilfe wird benötigt werden. Ihr seid ein Teil von uns. Ihr seid Pioniere. Ihr seid wahrlich die Pioniere. Sehr viele Menschen werden kommen. Seid vorbereitet für diese große Zeit. Sie ist wichtig.

*Es kommen große Zeiten der Erleuchtung.
Es kommen große Zeiten der Energien.
Es kommen große Zeiten der goldenen Energie.*

*Licht und Liebe scheinen durch die Herzen. Es ist nicht mehr aufzuhalten.
Ich erinnere euch an eure Verträge.*

Ihr seid die wahren Pioniere. Erkennt dies!

*Lebt in Liebe.
Lebt im Vertauen.
ICH BIN bei euch.*

Wahrlich ich sage euch:

*Lebt im Vertrauen.
Lebt im Herzvertrauen.*

*ICH BIN bei euch jederzeit.
Es warten viele Menschenkinder auf eure Arbeit! Lebt im Vertrauen!
Erkennt eure Arbeit und lebt im Vertrauen.
Lebt in der Herzensenergie. Es wird geschehen.*

Wahrlich, die Herzen werden scheinen. Das goldene Licht, die goldene Energie, sie wird in all Euren Herzen scheinen. Tragt Euren Teil dazu bei. Lebt im Vertrauen. ICH BIN bei Euch, wo immer ICH BIN.

Lebt in der Schwingung der Liebe, spürt und fühlt die Schwingung der Liebe in Euren Herzen.

*Lebt und fühlt die Liebe und gebt sie dann weiter.
Spürt diese Schwingung wieder in euren Herzen.
Lebt und fühlt die Liebe und gebt sie dann weiter.*

Spürt diese Schwingung wieder in euren Herzen.

Lebt die großen **Sananda – Energien**.

Lasst die Liebe überschwappen und verteilt sie in die ganze Welt.

Wahrlich ich sage euch, es wird geschehen. Lasst die Liebe zu.

Vertraut nur auf eure Herzen.
Vertraut nur den Herzensenergien.

Ihr geht diesen Weg.
Ihr seid die Pioniere. Pioniere gehen niemals einen leichten Weg.
Niemals im ganzem Sein ging ein Pionier einen leichten Weg.

Vertraut, dies gilt nur um stärker zu werden, um stärker zu sein!

Liebe ist so stark.

Kein Schmerz ist so groß wie die Liebe.
Kein Schmerz ist so groß wie die Liebe.
Kein Schmerz ist so groß wie die Liebe.

Ich sage euch, ich habe es erlebt.

Kein Schmerz ist so groß wie die Liebe.

Die Liebe, die allumfassende Liebe, die Liebe des Vaters wird allen Schmerz nehmen.

Sie wird alle Schmerzen nehmen.
Sie wird alle Missverständnisse nehmen.
Sie wird allen Zorn, Wut und Aggressionen nehmen.

Die Liebe nimmt alles mit.

Nichts ist vergleichbar, nichts ist stärker als die Liebe.

Lass dieses Feuer der Liebe auflodern.
Lasst dieses Feuer der Liebe auflodern.
Lasst dieses Feuer der Liebe auflodern.

Und gebt es dann weiter, verteilt es, denn schon
ein kleiner Teil der überschwappenden Liebe kann großes bewirken!

Ihr habt es gesehen.
Ihr habt es gespürt.
Ihr habt es gefühlt.

Nichts ist stärker wie die Liebe.

Kein Krieg in der physischen Welt ist stärker als die Liebe.

Deshalb erkennt:

Es kommen große Zeiten, erkennt dies und handelt danach.

Lebt in der Liebe.
Lebt im Vertrauen.
Handelt stets in der Liebe.

Es werden keine Kriege, Krankheiten und Leid mehr sein, wenn alle Herzen voller Liebe sind, dann wird das große goldene Feuer leuchten.
Ich sehe es, es wird leuchten. Ich schicke euch alle Hilfe.

Ich sende euch viele Prüfungen.

Sie machen euch stark für die Liebe!

Wahrlich ich sage euch, nichts ist stärker als die Liebe.

Auch ich erhielt viele Prüfungen. Ich trug sie alle. Nichts ist stärker als die Liebe, deshalb konnte ich all das tragen.

Auch ihr könnt es tragen.

Findet den Weg zur Liebe und gebt ihn weiter. Heilt mit der Liebe. Heilt nur mit der Liebe und geht meinen Weg. Ich habe es euch vorgelebt und ihr kennt meinen Weg.

Heilt mit der Liebe und gebt es weiter.
Heilt mit der Liebe und gebt es weiter

Es sind so große Zeiten. Es sind so große Zeiten der Heilung. Heilt die Herzen.

Ein geheiltes Herz ist voller Liebe.
Ein geheiltes Herz ist voller Licht.
Ein geheiltes Herz ist voller goldener Energie.

Was kann diesem Herzen noch angetan werden?

Nichts!

Gebt es dann weiter!

Es wird überschwappen die Liebe.

Es wird ein großes Feuer geben, das Feuer der Liebe und des Lichtes:

Das Licht in eurer physischen Welt!
Das Licht des Vaters!
Das Licht in euren Herzen!
Das Licht in euren Lehren!

Große Lehren werden folgen.

Ihr werdet sie alle weitergeben. Ihr werdet die Lehren weitergeben an die Menschen, die das Licht des Vaters suchen. Erkennt es und gebt alles weiter. Ihr erkennt alles durch eure Prüfungen.

Wer ist dann ein größerer Lehrer als ihr?
Wer ist dann ein größerer Lehrer für all die, die den Weg zurück suchen?

Ihr seid es alle!

Ich habe es für euch gelebt. Wisset, alle Lehren, sie sind so einfach.
Nehmt diese Lehren an und gebt sie weiter.

Lasst das goldene Licht entfachen!

Ich sage euch, ich sehe es bereits!

So vieles ist geschehen. So viel habt ihr gearbeitet. So viel wurde transformiert ins Licht. Steht diese Prüfungen durch. Folgt meinem Weg. Steht diese Prüfungen durch. Lebt das Licht in euren Herzen. Es werden keine Prüfungen mehr folgen.

Aus einer physischen Welt wird eine große Welt:

Die Welt allen Seins.
Die Welt der Liebe.
Welten in Welten.

Ihr werdet die Freuden finden.
Ihr werdet die Freuden entdecken.
Ihr werdet verstehen, wovon ich rede.

Alle Formen erkennen das JETZT.

Das Ende der Dualität. Die Erfüllung des Einen.

Die Erfüllung eins zu sein mit allen Ausdrucksformen meiner Schwingung und den Ausdrucksformen des Vaters. Ihr werdet eins sein.

Folgt mir, vertraut mir, steht die Prüfungen durch.

*Es wird geschehen. Die Liebe in euren Herzen, sie wird gehört, sie wird mitreißend sein.
Die physische Form, es wurde oft gesagt, sie wird immer schneller.*

Eure lineare Zeit, sie rast.

Sie rast direkt in das große Licht und es wird scheinen. Ihr werdet es sehen.

*Ihr habt es gehört.
Ihr habt es gelesen.
Ihr werdet es sehen.
Ihr werdet alles sehen.
Ihr werdet alles sehen.*

Kein Schleier mehr.

*Ihr werdet es sehen mit eurem Sein. Entwickelt eure Herzen. Nehmt die Prüfungen an.
Hadert nicht. Nehmt alles an. Sie machen euch stärker für die Liebe.*

Es gibt nichts stärkeres als die Liebe.

Ihr alle habt meinen Segen. Geht durch die Prüfungen und geht meinen Weg.

Ihr habt die Kraft es zu tun. Lebt dies, was auch ich lebte.

*Ihr habt es mit mir getragen über so lange Zeit.
Große Zeiten kommen, sie sind schon da.
Nur noch ein kleiner Weg des großen langen Weges.*

Es eröffnen sich neue Wege:

*Ungeahnte Wege der Liebe.
Ungeahnte Wege des Lichtes.
Ungeahnte Wege des Lehrens.*

*Steht die Prüfungen durch. Seid stark. Geht noch diesen kleinen Weg im vergleich des
langen Weges. Handelt nur in Liebe.*

Es gibt keinen anderen Weg als die Liebe.

Alles dies gebe ich Euch.

Ich gebe Euch dies an die Hand.

Meine Botschaft:

Sie ist einfach.

Lebt die Liebe in euren Herzen. Entfacht das göttliche Licht in euren Herzen und alles strahlt im Licht. Gebt es weiter.

Dies und nur dies ist meine Botschaft.

Heilt eure Herzen und helft den Menschen ihre Herzen zu heilen.

Entfacht das Feuer der Liebe. Wir alle sind eins im Jetzt. Dies ist mein Geschenk an euch. Dies ist meine Botschaft an euch. Entfacht eure Herzen und gebt es weiter.

Ich segne euch.

Spürt und fühlt die Liebe. Spürt sie in euren Herzen.

Seid erfüllt von diesem Licht. Seid erfüllt von diesen Energien.

Ihr seid gesegnet.
Ihr seid gesegnet.

Wahrlich ICH BIN bei euch.

Ich beschütze euch.

Ich hülle euch ein in dieses große Licht, wo immer ICH BIN, ich helfe Euch.

Steht alles durch, steht diese Prüfungen durch.
Steht alle Prüfungen durch und es wird geschehen.
Lebt nur noch im Vertrauen.

Vertraut und verhandelt nur noch mit dem Licht und ihr werdet nur Licht ernten.
Vertraut!

Seid stark habt Mut es wird geschehen.

Viele Botschaften werdet ihr noch erhalten. Seid stark!

Ich segne euch.

Ich liebe euch.

Die Botschaft von Christus

Das neue Magnetgitter

*Gott zum Gruße meine geliebten
Kinder des Lichtes. Ich grüße
euch aus meinem ganzen Sein.
ICH BIN, der ICH BIN.
Ich segne euch, ich segne euch.*

*Es sind große Zeiten.
Es sind große Zeiten, sehr große Zeiten.
Es geschieht alles in Eurer linearen Zeit.
Es ist vollbracht.
Es ist vollbracht.
Versteht und wisset, die große Anbindung, sie bringt die Hilfe.
Es ist vollbracht.
Es ist so eine kurze Zeit in eurer linearen Zeit.
Das große Gitternetz, es ist vollbracht.
Richtet euch danach aus. Die große goldene Energie, das Licht des Vaters, es wird verstärkt.
Die großen Kräfte, sie fließen zur Vollendung. Es ist vollbracht. Ihr seid eins. Ihr seid eins mit dem großen Gitter. Ihr benötigt dies. Es ist wie es ist.
Es gibt die großen neuen Formen des Ausgleichs. Sie führen durch euer Sein. Ihr spürt dies bereits. Es gibt die großen neuen Heilformen. Es werden alte mit neuen Heilformen verbunden.
Ihr seid Kinder des Lichtes.
Ihr seid Kinder der Liebe.
Alles heilt!
Nun denkt mit Euren Herzen und fühlt mit eurem Verstand.
Wisst, dies ist der große Weg.
Denkt mit euren Herzen aus Eurem ganzen Sein.*

Richtet euch stets nach dem großen kosmischen Gesetz:

Sowohl oben als auch unten.

*Spürt und lebt die Erdenergien.
Spürt und lebt die Erdenergien und die allumfassende Liebe des Vaters.
Es fließt wie eine Achse durch euch sowohl oben als auch unten.
Seid euch der Erdenergien und der kosmischen Energien bewusst.
Bindet euch an die großen neuen Energien, die Geschenke.
Nutzt alle diese Energien.*

*Ich sage euch, es sind große Energien.
Sie liefern euch das ganze Sein.
All euer Wissen.*

Nutzt diese große Zeit.
Nutzt diese große Zeit.
Habt Vertrauen und bindet euch
an diese großen Energien an.

Spürt und fühlt sie.
Denkt mit euren Herzen und fühlt mit eurem Verstand.
Mein liebes Kind, mein Kind des Lichtes. ICH BIN bei dir.
Wahrlich, ICH BIN bei dir.
Lebe im Vertrauen.
Die großen Kräfte, sie stehen euch alle zur Verfügung, auch dir mein Kind.
Es ist, wie es ist.
Du hast die freie Wahl.
Wahrlich ich sage dir, ICH BIN bei dir auf all deinen Wegen. Hülle dich ein und schütze dich. Rufe mich, höre in dein Herz, ICH BIN bei dir.

Richte dein ganzes Sein auf die neuen Energien aus. Lebe im Vertrauen.
Erkenne und durchstehe deine Prüfungen. Diese Prüfung, sie wird dann beendet.
Es dient dem Lernen. Durchstehe deine Prüfungen.
Binde dich an. Lebe nur im Vertrauen.
Spüre die neuen Energien.
Es ist vollbracht.
Lasse die Energien fließen und habe immer Vertrauen.
Rufe mich jederzeit.
Rufe mich jederzeit.
Ich werde immer bei dir sein.
Ich umhülle dich und lasse dir alle Hilfe zuteil werden.
Es ist das Licht des Vaters.
Die großen Erdenergien, verwendet sie.
Wendet sie an.
Lebt in der großen Symbiose mit der Erde. Ihr werdet sie erspüren.
Spürt die schönen Formen eurer Erde.
Erspürt die gesamte Erde.
Ich sage euch, ihr könnt diese Erde erspüren.
Denkt mit euren Herzen.
Viele von euch spüren Unpässlichkeiten wie Disharmonie, Unruhe und Kopfschmerzen.
Es sind die neuen Energien, das Licht des Vaters es wird verstärkt!
Arbeitet mit den neuen Heilformen des Ausgleichs.
Verbinde die Erdenergien mit deinem ganzem Sein.
Erspüre die Erde, erspüre die ganze Erde!
Rufe deinen Lichtkörper. Er wartet bereits. Verbinde dich mit Deinem Lichtkörper und du lebst im JETZT.
Es ist das JETZT.
Lerne den Ausgleich.
Lerne den großen Ausgleich.
Denke mit deinem Herzen!
Verbinde deine Chakren mit den neuen Energien.

Nichts kann deinen Chakren angetan werden.
Auch dein Lichtkörper hat Chakren.
Verbinde den Lichtkörper mit dem physischen Körper.
Chakra für Chakra. Sieh es wie eine Naht, verbinde diese Naht mit deinem Lichtkörper.
Arbeite und korrigiere die Chakren.
Es sind große Kraftpunkte.
Lasse die großen neuen Energien fließen von oben und
lasse die Erdenergien fließen von unten.
Lass es wie durch eine Achse fließen. Richte dich auf die magnetischen Felder aus.
Lebe nun mit deinem SEIN im JETZT.
Es bedarf der Übung.
Richte dich aus auf die hohen kosmischen Energien und die Erdenergien.
Bitte um den großen Ausgleich der Frequenzen.
Rufe mich.
Rufe Gott Vater.
Rufe deinen Geistführer.
WIR SIND ALLE DA!
Bitte um den Ausgleich.
Lass die großen Energien fließen in dein ICH BIN,
in dein Zentrum und durch dein ganzes Sein.
Der Ausgleich wird durch deine Bitte vorgenommen.
Die GNADE fließt dann zurück.
Ihr werdet noch viele andere Formen erkennen.
Die Ausgleichungen öffnen dich für die neuen Energien. Wende sie an.
Rufe dein höheres Selbst. Es wartet ebenfalls.
Integriere es.
Es fließt die Weisheit des höheren Selbstes ein.
Es fließt dann Weisheit, Liebe und Harmonie.
Nehmt die feine Sprache auf. Die Intuition. Es ist die Sprache eures Überselbstes.
Nehmt es auf und schreibt nieder.
Es bedarf der Übungen.
Nehmt Euch Zeit dafür und spürt es.
Auch du kreierst die Dinge. Du hast die freie Wahl.
All dies ermöglicht euch die große Verbundenheit. Sie ist wichtig.
Nur so kann die große Vollendung, die großen Energien und die Liebe fließen.
Vertraut ihnen.
Geliebtes Menschenkind, ein Teil in dir ist das,
was ihr die geistige Lichtwelt nennt.
Du bist ein Teil der geistigen Lichtwesen.
Die Zeiten verschieben sich.
Wisse eins, durchstehe die letzte Inkarnation und du bist inkarniert, wo immer du bist.
Erkenne das große Tor. Es ist im Herzen.
Das ICH BIN, dein Tor, es ist der Eingang.
Du bist bereits im Licht.
Ihr seid bereits im Licht.
Ihr bestimmt den Termin.
Du bestimmst den Termin.

ICH BIN, die ICH BIN und ICH BIN, der ICH BIN
Ihr seid eins!
Ihr alle habt den großen Vertrag, zu heilen!
Ich erinnere euch an eure Verträge.
Worte der Liebe heilen.
Liebe heilt. Alles heilt!
Gehe den Weg in dieses große Tor und du bist inkarniert, wo immer du bist.
Die Zeiten verschieben sich –
ja, dies ist eine große Aussage, die Zeiten verschieben sich.
Mit eurer Möglichkeit des Heiles stehen euch verschiedene Wege offen.
Die Lichtmedizin kommt auf euch zu.
Es kommen verschiedene Formen.
Ihr werdet die neuen Heilformen entdecken .
Ein Teil dieser Botschaft nimmst du jetzt auf und all das,
was du bisher gelernt hast in deinen vorherigen Inkarnationen.
Verknüpfe deine Erkenntnis. Es geschieht, sofern du es zulässt.
Der Sammelbegriff eurer neuen Erkenntnisse wird die Lichtmedizin sein.
Es wird große Zentren geben.
Auch Eure Ärzte lernen und haben ihre Prüfungen.
Auch sie erkennen das Gitternetz.
Freut euch an euren Erfahrungen, auch an der dichten Materie.
Spürt all dies in euren Herzen.
Verhandelt nur mit dem Licht.
Spüre und fühle in all deinen Gedanken und denke mit dem Herzen.
Du stehst vor so großen Zeiten! Erkenne dies!
Teilt dich mit , teilt euch mit. Helft euch. Seid füreinander da.
Verarbeitet euer Wissen.
Sprecht über alles und über Heilung.
Seid füreinander da. Sprecht auch über das hier Geschriebene.
Sprecht auch über den Ausgleich.
Auch andere Menschenkinder werden dir helfen! Tauscht eure Erfahrungen aus.
Tauscht auch die Erfahrungen von Disharmonie aus,
tauscht euch aus und heilt alles.
Tauscht euch aus, helft euch.
DAS IST WAHRE LIEBE, BEDINGUNGSLOSE LIEBE.
Lebe du nur im Licht und in der Liebe, es zersprengt die Materie.
Andere werden es noch erkennen.
Auch Hohn und Gelächter machen uns stark.
Alle meine Lehren, wie oft habt ihr den Hohn erfahren?
Nun im JETZT, wir sind im JETZT. ICH BIN bei euch.
ICH BIN bei dir.
ICH BIN, der ICH BIN.
Die Lehren haben sich nicht verändert.
Verteile das große Feuer des Lichtes und der Liebe.
Die Menschenkinder werden es erkennen.
Halte und pflege deine Beziehung, deine Freundschaften und Verbundenheit und bringe
sie weiter in das Licht. Gebe es weiter. Andere Menschenkinder werden es erkennen.

Sie haben wie du ihre Prüfungen. Durchstehe diese Prüfungen.
Sie erkennen das Licht. Du bist der Lichtträger.
Mache es auch anderen, die danach fragen begreiflich.
Sie werden es zu gegebener Zeit verstehen.
So gut du kannst, schütze auch dein Sein. Gönne dir auch die Ruhe, die Stille.
Sei für dich und alle Menschen da.
Keine Enttäuschungen mehr. Ihr täuscht euch, wenn ihr enttäuscht seid.
Lasst die Herzen sprechen. Trage alle in deinem Herzen.
Sprich mit anderen stets aus deinem Herzen.
Keine Enttäuschungen mehr.
Hilf ihnen, den Weg ins Licht zu finden.
Vertraue selbst dem Licht und keine Enttäuschungen mehr.
Es ist wichtig, für dein Weiterkommen.
Ihr täuscht euch, wenn ihr enttäuscht seid.
Bringt Licht in eure Herzen, denn andere Menschenkinder
sind für dich da so wie du für sie da bist.
Lasse Licht, Liebe und Heilung in ihrer Gegenwart zu.
Manchmal erscheint es dir nicht einfach,
dann sende Licht und Liebe und Linderung an das höhere Selbst des anderen.
Lasse dann das höhere Selbst des anderen entscheiden.

Es kommt ein großer Umbruch.
In kurzer Zeit ist es vollbracht.
Es werden viele Dinge kommen.
Die Formen der physischen Unpässlichkeiten, sie werden nicht mehr sein.
Lass es fließen.
Seid erfüllt von diesem Licht.
Seid erfüllt von diesen neuen Energien.

Ihr seid gesegnet.
Du bist gesegnet.

Wahrlich ICH BIN bei euch.

Ich beschütze euch.

Ich hülle euch ein in dieses große Licht, wo immer ICH BIN.
ICH BIN, der ICH BIN,
ich helfe euch,
ich liebe euch.

Erzengel Michael

(eine Ansprache für den Jahresbeginn 2003)

*Ich segne euch aus den Reichen des Lichtes und grüße euch.
Ich grüße euch aus den Reichen des Lichtes und der Liebe
mit meinem göttlichen Schwert des Glaubens, Vertrauens und des Mutes.
ICH BIN Erzengel Michael.*

Ich segne euch meine lieben Kinder. Ihr seid alle geliebt von uns.

Glaube, Vertrauen und Mut

Dies ist die größte Aufgabe für euch. Ihr seid die Lichtträger, ihr seid die Lichtarbeiter. Ihr seid all diejenigen, die alle Menschenkinder heilen werden. Ihr lehrt alle, die Glauben, Vertrauen, Wahrheit, Klarheit und Mut suchen.
Geht diese Wege meine Lieben. Diszipliniert euer Sein. Diszipliniert euch selbst. In eurer linearen Zeit diszipliniert eure Gedanken und Worte. Lebt nur in der Liebe. Sie ist so stark die Liebe in euren Herzen. Neue große Energien, sie werden folgen. Ja, es gibt eine Reihe von Erschütterungen. Erschüttert werden nur diejenigen, die nicht im Glauben, Vertrauen, in Wahrheit und Klarheit und im Mut leben. All jene werden erschüttert werden, die Lichtträger nicht. Lebt ihr als Lichtträger nur noch den Mut und die Wahrheit und Klarheit. Viele Menschen werden eure Hilfe benötigen. Ihr seid die Lichtträger, ordnet euer Licht auf dieser Erde. Diszipliniert euch, um dieses Licht in euch wirken zu lassen. Lebt nur noch im Glauben, in Vertrauen, in Wahrheit und in Klarheit und habt Mut. Habt Mut, um dieses Licht in euch wirken zulassen. Lebt nur noch im Glauben, im Vertrauen, in Wahrheit, in Klarheit und habt Mut! Handelt nur noch nach dem großen Wort des Vaters!

Mut

Habt Mut und geht diesen Weg. Wir beobachten eure Verstrickungen. Heilt und transformiert diese Bereiche. Geht den Weg der Transformation, geht ihn jetzt. Habt Mut für die großen neuen Aufgaben. Habt Mut für alle Menschen. Ich sage euch Heilern hier: Heilt sie alle. Sie kommen in Scharen. Es wird leichte Erschütterungen geben. Sie werden kommen. Lasst euer goldenes Licht in euren Herzen fließen und lasst es überall auflodern. Dies ist das goldene Zeitalter. Ihr kreiert das goldene Zeitalter selbst. Darum unser Aufruf zur Erde!!!

Diszipliniert euch und transformiert!
Ihr Lichtarbeiter haltet alle zusammen.
Diszipliniert euer Sein.
Gebt die Heilformen weiter.

Wer Heilung weitergibt, wird selbst heil. Wer Wissen weitergibt, wird neues großes Wissen erhalten. Große Heilformen werden folgen. ICH BIN bei euch jederzeit doch diszipliniert euch. Lebt Glauben, Vertrauen, Wahrheit, Klarheit und Mut. Achtet auf eure physischen Körper. Achtet auf die großen neuen Energien. Heilt alle eure Aspekte. Transformiert! Integriert alle eure Aspekte.

Heilt eure Gene. Doch wir ermahnen euch: Heilt eure Gene, geht aber vorsichtig damit um. Es bedarf erst einer großen Transformation, ehe man den Schritt der Gene geht. Lasst euch Zeit. Diszipliniert euch erst. Gönnt euch Ausgeglichenheit, es ist von größter Wichtigkeit. Lebt nur in der Liebe. Haltet alle zusammen, denn große Zeiten kommen auf euch zu, sehr große Zeiten! Ordnet durch euer eigenes Licht, die physische Welt, die auch unsere Welt ist.

Ihr seid ein Teil von uns.

Ihr bringt die neuen kristallinen Energien in eure Welt. Die kristalline Energie ist so groß, sie ist so stark. Es ist manifestiertes Licht von uns. Wir fokussieren das kristalline Licht. Es kommen große Zeiten der Kristalle. Größer noch als in Atlantis. Ihr werdet weise damit umgehen. Ihr erhaltet ungeahnte Möglichkeiten des Wissens und des Heilens. Die kristallinen Formen - sie sind große Geschenke. Meine Lieben, auch Geschenke muss man sich erarbeiten. Darum diszipliniert euch erst selbst.

Ihr seid Lichtträger - arbeitet nur noch mit dem Licht und verhandelt nur noch mit dem Licht. Verhandelt niemals mehr mit der dichten Materie. Sie hat euch schon so oft betrogen. Nur Licht bedeutet „Einssein". Geht den Weg der Transformation. Transformiert euer „ganzes Sein" und dann kommt der Zeitpunkt, die Gene zu heilen.

Heilt sie nicht zu früh, transformiert eure Gene und alle darin liegenden Informationen zuerst. Zunächst werden leichte Erschütterungen folgen, sie erschüttern euch nicht. Wer nur mit dem Licht verhandelt, wird nicht erschüttert. Eure lineare Zeit, sie rast ins Licht – ins JETZT. Ihr habt es alle gespürt und ihr werdet es noch stärker spüren und ihr werdet es sehen. Fühlt und spürt die neuen kristallinen Formen. Es sind neue Energien. Arbeitet in euren Bereichen und im Umfeld, breitet überall das Licht aus, aber diszipliniert euch erst selbst.

Lebt Klarheit, Wahrheit, Glauben, Vertrauen und Mut.

Arbeitet mit allen Menschen, die euch fragen. Arbeitet mit Worten, Gedanken und heilt mit den Händen. Heilt alle Menschen, die danach fragen. Erklärt allen, die nach dem Wissen fragen und schützt dabei eure Körper! Vergesst es nicht! Erkennt das Gesetz der freien Wahl. *Zwingt niemals ein Menschenkind*! Seid da, wenn jemand etwas wissen möchte, doch zwingt sie niemals. Sie kommen dann später und werden euch fragen.
Sie kommen alle in Scharen, glaubt mir. Sie kommen. So viele bedürfen der Heilung. Seid für alle da und lasst die Liebe überschwappen. Lasst das goldene Licht in euch scheinen.

Das ist das große goldene Zeitalter.

Erkennt die große Symbiose mit der Erde. Fügt euch keinen Schaden mehr zu. Diszipliniert euch. Fügt der Erde keinen Schaden zu, ihr fügt ihn euch selbst zu. Heilt alle und ihr, heilt euch selbst. Ihr entfacht das große goldene Licht. Ihr alle seid eins mit uns. Bringt das Licht in eure physische Welt.

**Ich segne euch mit der Schwingung
des Glaubens und Vertrauens und des Mutes.
Erkennt diese Aspekte meiner Ausdrucksform
und erkennt eure Ausdrucksform.
Ihr seid geliebt, ihr seid die Kinder des Lichtes. Ihr seid gesegnet.**

∞

Saint Germain

(eine Ansprache für den Jahresbeginn 2003)

*Aus den Reichen des Lichtes und der Liebe grüße ich euch meine
lieben Kinder des Lichtes ich grüße euch alle ihr lieben Heiler hier,
ihr, die das Licht weitergebt mit meiner
violetten Flamme der Transformation. ICH BIN Saint Germain*

Ich grüße euch aus meinem ganzen Sein und freue mich, in eurer Mitte sein zu dürfen. Meine Lieben, es sind große Zeiten!

Wir erlebten stets große Zeiten in so vielen Ausdrucksformen, auch in dieser physischen Ausdrucksform! Oh, wir kennen uns! Wir kennen uns alle. Großes Wissen haben wir geteilt und großes Wissen wurde stets durch mich gelehrt. Wir kennen uns. Seht, ihr habt genug gelernt. Ihr Kinder des Lichtes, ihr habt genug gelernt! Vereinigt nun alle gesammelten Gedankenmuster und alle gesammelten Lernaufgaben, vereinigt sie in das JETZT. Erkennt die große Zeit des JETZT!

Eure lineare Zeit, meine Lieben, sie rast, nicht wahr? Ihr habt es erlebt, ihr habt es gespürt. Eure lineare Zeit rast in das JETZT. Es ist die Ausdrucksform eurer ganzen Schönheit. Es ist die Ausdrucksform eurer ganzen Kreation. Seht, ihr habt so vieles gelernt und auch vieles erlebt, meine Lieben. Doch vieles von dem Gelernten ist euch nun nicht mehr dienlich. Aus diesem und nur aus diesem Grund, hat euer großes Kollektiv beschlossen, alte Gedankenmuster aufzugeben.

Seht, wir beobachten noch immer eure Verstrickungen. Gebt nun diese alten Muster und die alten Formen ab. Gebt sie ab! Benutzt mich, denn wer wird sich besser mit der Transformation auskennen, als ich, Saint Germain? Benutzt mich. Ruft mich jederzeit und ich werde bei euch sein, jederzeit. Legt diese alten Schwingungen ab, auch die alten Formen eurer Gefühle und Gedanken. Seht, auch ich gehöre dem großen Kollektiv an.

Es ist das große goldene Zeitalter.
Ihr seid das große goldene Zeitalter!

Denn seht, ihr kreiert es, ihr seid das große goldene Zeitalter! Es stellt die Vereinigung der großen goldenen Energien dar, der Teilbereich, der in euch ist. Es ist das große Bewusstsein, das Christusbewusstsein. Es erwacht immer mehr und es wird immer größer. Ihr spürt es bereits in euch und wenn ich sage, ich kenne euch alle, dann spüre ich dies bereits in euch. Unser großer Zusammenschluss erwächst. Er ist bereits im JETZT und es wird ein großer Zusammenschluss sein, für eure gesamte physische Welt. Die große Vereinigung im JETZT, wir sehen sie. Doch wir sehen auch, was euch daran hindert. Ihr Lichtarbeiter legt diese alten Verstrickungen ab. Seht, wisst, spürt und vertraut: Ihr habt bereits genug gelernt, um diesen Schritt zu gehen.

Das große goldene Licht und die gesammelten Lehren des Lichtes tragt ihr in euren Zellen. Gebt dies nun an andere weiter! Er hat sie euch gelehrt, er hat sie auch mich gelehrt, in meinen Erdenjahren und all meinen Inkarnationen. Zu jeder Zeit ist er bei euch! Auch die Quelle und der alles beseelende Geist ist bei euch. Wir alle sind bei euch. Doch euer großes Kollektiv, eure Familie ist das große Bewusstsein. Und ihr, ihr seid alle ein Ausdruck dieses großen Bewusstseins. Er lebt in euch. Der Christus lebt in euch und spricht zu euch. Wie oft, nicht nur am Tage, nicht nur durch alle eure Bücher. Nein, auch in euren Träumen! Zu jeder Zeit. Seht und erkennt dies: auch ICH BIN ein Teil dieses großen Bewusstseins in all meinen Ausdrucksformen. Auch ich habe viele Ausdrucksformen und dennoch bin ich ein Teil des Ganzen. Ich stelle euch meine transformatorischen Strahlen und Kräfte zur Verfügung.

Seht, meine Lieben, ich habe dies zu aller Zeit getan, auch in Atlantis. Ich kenne euch und ihr kennt mich aus diesen großen Zeiten und dem großen Tempel in Atlantis, denn ihr alle wurdet darüber gelehrt. Nicht nur hier auf der Erde., ihr habt es zum größten Teil erlebt und gesehen! Meine Lehren, ihr habt sie aufgenommen, die Lehren der großen Transformation! Auch habt ihr so vieles gelernt in meinen späteren Ausdruckszeiten. Sehr viele von euch besitzen das Wissen über Astronomie und Astrologie. Ich erinnere euch, meine Lieben, an diese große Zeiten! Gekämpft haben wir, nicht mit den Schwertern, sondern mit unserem Wissen! Zu jederzeit in so vielen Ausdrucksformen.

Seht, ich ging, denn ich transformierte. Doch bin ich jederzeit bei euch. Ruft meinen Namen oder denkt an mich. Ich werde bei euch sein und euch alles für diesen großen Prozess der Transformation ermöglichen. Doch es ist von großen Nöten, dass ihr Lichtarbeiter transformiert! Gebt die Lehren der Transformation weiter! Ihr habt dies bereits getan als die Ersten, in so vielen Ausdrucksformen. Legt eure alten Verstrickungen und alte Formen, die euch nicht mehr dienlich sind ab. Sie dienten eurem Lernen. Legt sie ab! Ihr habt genug gelernt, um dieses Wissen nun weiterzugeben. Gebt dieses Wissen nun zu allen Zeiten im JETZT weiter.

Ich erinnere euch alle an euren Vertrag:

Gebt die Liebe weiter an all jene, die darum bitten!
Gebt die Lehren des Lichtes weiter an all jene, die darum bitten!
Gebt die Lehren der Transformation weiter!
Gebt die Heilung weiter!
Versteht die Ausdrucksformen, das große Christusbewusstsein.
Versteht auch die Ausdrucksformen der bedingungslosen Liebe in eurer physischen Welt.

Euer Kollektiv, das höhere Kollektiv und unser aller Bewusstsein, alles wird sich verändern. Es wird eine Reihe großer Veränderungen geben in eurer physischen Welt. Lest all die Lehren, denn es steht alles geschrieben! Verbindet euch mit diesem Kollektiv, verbindet euch mit eurem höheren Selbst. Es trägt das gesamte Wissen aus so vielen, vielen eurer Leben. Filtert nun alles Ungute heraus! Transformiert es! Fokussiert das Licht! Denn seht, ihr habt in den Schleier eingewilligt. Transformiert nun eure Chakren, denn sie sind die großen Verteiler des Lichtes. Ihr seid Sender und Empfänger des Lichtes! Ihr habt bereits so viel Verantwortung übernommen, denn viele Helfer sind gegangen.

Ihr tragt nun die goldene Fackel!
Ihr tragt nun die goldene Fackel des goldenen Lichtes!
Ihr tragt die großen Heilenergien in euch!

Ihr fokussiert sie, und wir fokussieren sie. Ihr tragt die großen Heilenergien in euch und ihr verteilt sie in die physische Welt. Ihr seid ein großes Kollektiv, denn ihr seid die Kinder des Lichtes! Ein jeder von euch ist ein Kind des Vaters. So wie auch ich, Saint Germain. Erkennt all dies und erkennt die große Transformation! Erkennt das große Licht in euch und dehnt es aus in eure physische Welt. Zunächst, meine Lieben, wird es Trennungen geben. Es wird übergehen. Einige Menschenkinder werden in höhere Formen gehen.

Doch folgt ihnen, denn sie sind die Pioniere! Ihr seid die Pioniere und ihr geht in eine wunderschöne Zeit! Auch in eine wunderschöne Welt, eine Welt in den Ausdrucksformen des Vaters und des Sohnes und der Söhne des Lichtes! Ihr seid Geschwister und geschaffen für diese wunderschöne Welt. Ihr habt genug gelernt! Geht noch diesen Weg der Transformation und gebt das Wissen weiter an all jene, die danach fragen. Erkennt, ihr lebt im Gesetz der freien Wahl. Niemals zwingt ein Menschenkind! Lasst jedem die freie Wahl, doch gebt euer Wissen weiter und ihr werdet großes Wissen empfangen. So war es zu allen Zeiten, meine Lieben, wer großes Wissen weitergibt, wird großes Wissen empfangen!

In diesem Prozess, und es ist gewiss ein sehr großer Prozess, wird es einige Erschütterungen geben. Doch transformiert und gebt das Licht weiter. Lasst dieses Licht auflodern in euch und alle Erschütterungen werden euch nicht erschüttern. Ich sage euch, alle Erschütterungen werden euch nicht erschüttern! Es bedarf Erschütterungen, um zu erkennen und zu transformieren. Es bedarf auch leichter Erschütterungen, um Neues entstehen zu lassen. Doch es wird euch nicht erschüttern, wenn ihr mit allen euren Gedanken im Licht seid. Darum habt nur lichtvolle Gedanken! Ihr übernehmt immer mehr Teile der Schöpfung. Ihr übernehmt Teile der Verantwortung. Seht euch nun in einer höheren Schulung. Seht und lernt, eure Gedanken und speziell eure Worte werden sich schneller manifestieren!

Oh, meine Lieben, ihr habt es bereits gesehen und gespürt. Transformiert eure Gedanken und handelt stets aus dem Herzen und große Zeiten werden kommen. Eine wunderschöne Welt, das was ihr das Paradies nennt, mit allen wunderschönen Ausdrucksformen des Vaters. Doch lernt den letzten Schritt, lernt die Transformation! Aus der Transformation wird eine Transmutation folgen. Auch ich habe dies erlebt, es ist ein Prozess. Ein Prozess der Integration eures ganzen Sein. Ihr werdet mehrere Formen integrieren und Teile eures SEINS integrieren. Doch werdet ihr das Sein jenseits eurer physischen Daseinsform integrieren. Ihr werdet dies alles integrieren, verstehen und heilen. Und dann werden große Zeiten für euch folgen! Dies ist der Prozess, der Transmutation genannt wird. Es sind Veränderungen in eurer Genetik und Veränderung in all euren Informationen. Ihr werdet höher schwingen innerhalb dieses Prozesses und große Tore werden sich für euch öffnen, für jeden Einzelnen.

Habt nur gute Gedanken und glaubt mir, große Zeiten sie werden folgen, sehr große Zeiten! Die Freuden des Vaters im Licht mit all ihren Ausdrucksformen und all ihren Möglichkeiten. Wir reichen euch die Hände! Nehmt und erkennt diese ausgestreckten Hände! Wir werden euch zu jeder Zeit alle unsere Hilfe zuteil werden lassen! Ihr Kinder des Lichtes, geht den letzten Weg, ihr nennt das "Schulweg", nicht wahr? Geht diesen letzten Weg der Transformation in das große goldene Licht, denn ihr seid das goldene Zeitalter! Ich spüre in euch sehr viele Gedanken, sehr viele Gedanken! Es sind Gedanken eurer linearen Verstrickungen. Gewiss, dies sind die alten Lernaufgaben, die es zu bewältigen gibt.
Kreiert in euren Gedanken und erschafft Frieden, Liebe und Harmonie. Ich spüre sehr viele Gedanken, sie sind in euren Verstrickungen. Es sind Schwingungen. Vibriert nun diese alten Schwingungen aus. Verhandelt nur mit dem Licht. Verhandelt nicht mehr mit der dichten Materie, denn sie hat euch schon so oft betrogen! Hört auf meine Worte, kreiert und schöpft und sie wird euch nicht mehr betrügen. Kreiert und schöpft mit dem großen Licht des alles beseelenden Geistes. Denkt und fühlt mit dem großen goldenen Christusbewusstsein.

Nehmt dies nun für euch auf. Nehmt alle meine Worte auf, denn ICH BIN bei euch jederzeit. Und jederzeit auch in euren Träumen, ruft mich, ruft uns und wir werden bei euch sein. Bittet um Schulung, denn ihr seid bereit für diesen großen Weg. Der Schleier wird nicht mehr sein und die große Vereinigung im Licht wird eine große Feier sein für uns alle! Geht den Weg der Transformation, denn es ist kein weiter Weg verglichen zu dem Weg, den ihr bereits gegangen seid. Gebt alle diese Lehren weiter so wie auch ich sie immer weitergegeben habe. Es wird in eurer linearen Zeit keine lange Zeit mehr sein und der erste Teil des Kollektives wird gehen.

Ihr habt die freie Wahl dann zu folgen. Zu sein, in all euren Ausdrucksformen und es wird keine Trauer und keine Schmerzen mehr geben, in diesen hohen Bewusstseinsformen. Auch der Tod wird nicht mehr sein. Es ist das pure SEIN in allen Ausdrucksformen des Vaters. Es ist die Freude und die Zusammenkunft des All-In-Eins. Die Zusammenkunft der großen Christusenergien.

Wir reichen euch die Hände und sind bei euch und leiten euch an. Geht den Weg der Transformation und der Transmutation und gebt das Wissen weiter. Bringt das Licht in die physische Welt! Erkennt und realisiert die neuen Formen der großen kristallinen

Schwingungen, der kristallinen Energien. Benutzt sie für die Heilung und benutzt sie, nachdem ihr die höheren Ebenen erreicht habt, um Lichtstätten und Wohnstätten kraft eurer Gedanken und Liebe zu erbauen.

Ihr seid alle eingeladen, diese Ebenen zu erreichen. Doch zunächst benutzt diese Energie zur Heilung und Transformation, denn sie fließt durch eure Hände, eure Chakren und sie strömt in eure gesamte physische Welt durch euch und durch die Kristalle. Darum erkennt die Kristalle!

Aktiviert euer großes atlantisches Wissen!
Aktiviert auch euer plejadisches und venusianisches Wissen. Ihr tragt es in euch.

Versteht die Kristalle, versteht die Heilung und die Sprache. Ihr werdet in der Lage sein, sie zu dekodieren. Gebt die Heilung weiter. Gebt das Licht in die physische Welt. Geht den Weg der Transformation.

**Meine Lieben, ich segne euch mit meiner violetten Flamme der Transformation. Spürt und erkennt die hohen Schwingungen der transformatorischen Strahlen und ruft dieses Wissen in euch ab. Bringt es in eure physische Welt.
Ich segne euch und liebe euch für das, was ihr bereits seid.**

Erzengel Raphael

(eine Ansprache für den Jahresbeginn 2003)

*Aus den Reichen des Lichtes und der Liebe
grüße ich euch meine lieben Menschenkinder,
mit meinem 7. Strahl der Hoffnung und der Heilung.
ICH BIN Erzengel Raphael.*

Gesegnet seid ihr Menschenkinder, die ihr das Licht in die Welt bringt. Verbindet euch und haltet zusammen. Seid eins im Licht und gebt das Licht weiter an all jene, die es suchen. Heilt eure Herzen und heilt eure Gedanken. Eure Gedanken sind stark. Ihr seid angebunden an das große Kollektiv. Dieses Kollektiv ist im JETZT, es existiert nicht in eurer linearen Zeit, es kennt nur das JETZT.

Ihr seid ein Teil dieses großen Kollektives. Es bildet all eure höheren Selbste. Ihr lebt in einem großen Gruppenbewusstsein.

Diese Nachricht geht um die gesamte Erde:

Ihr seid ein wichtiger Teil in diesem großen Kollektiv. Sendet euer Licht an euer Kollektiv. Immer mehr Licht wird zurückgesandt. Es ist gewachsen, das Kollektiv. Eure physische Welt ist im Licht. Ihr werdet es sehen und ihr werdet es spüren. Der Zeitpunkt ist bereits von eurem höheren Selbst, dem Kollektiv, kreiert. Arbeitet weiter.

Heilt eure Herzen und heilt die Gedanken.

Ruft mich, ICH BIN Erzengel Raphael. Bindet euch an. Bittet um den großen Ausgleich der Frequenzen und ich sage euch: Eine neue Heilform, sie wird fließen.

Sie heißt **Gnade.**

Im JETZT für euch, in aller Zeit und in der noch verbleibenden Zeit ist diese Heilform die wichtigste Heilform. Alle werden es erkennen. Die Energien, sie fließen. Eure Ärzte werden es erkennen. Es wird fließen. Die Form der Gnade. Viele neue Heilformen kommen und sie sind angepasst an die großen neuen Frequenzen.

Große Heilformen! Größere Heilformen als jetzt!
Größere Heilformen als in Atlantis.
Dies ist das goldene Zeitalter.

Achtet auf Geschenke, die nun folgen werden. Achtet auf Schriften und Kristalle. Bittet, dass sie in die richtigen Hände fallen. Ihr erhaltet das Wissen, Kristalle und Schriften zu dekodieren. Das ist die Sprache der Kristalle. Lernt die Kristalle zu verstehen. Achtet auf die Botschaften. Große Heilformen der Gnade kommen.

Gewisse Geschenke muss man sich aber erst verdienen. Heilt erst eure Gedanken. Das größte Geschenk für euch, auch das große Geschenk für die Erde. Erkennt und wendet die neuen Heilformen an.

Viele Heilformen werden folgen:
Heilformen der Gnade.
Heilformen des Lichtes.

Ein großer Begriff, ihr werdet ihn **Lichtmedizin** nennen, mit ungeahnten Möglichkeiten wird kommen. Große Zentren werden erbaut. Ihr werdet es anwenden. Lasst diese Heilformen zu. Achtet auf die vielen Geschenke, die bereits fließen.

Heilt die Herzen und Gedanken.

Bindet euch an die neuen bereits fließenden Energien an.

Sie sind nicht nur verstärkt von uns, sondern sie werden fokussiert in diese physische Welt! Alles ändert sich.

Heilt eurer Herzen und heilt eure Gedanken.

Bittet um den Frequenzausgleich. Ruft mich jederzeit. ICH BIN Erzengel Raphael. Ihr braucht nicht lange in eurer linearen Zeit dafür. Es sind nur wenige Minuten eurer linearen Zeit, ihr braucht nicht lange Zeit dafür.

Heilt deshalb eure Gedanken.
Heilt deshalb eure Herzen.
Heilt deshalb euer ganzes Sein.

Lebt die neuen Energien. Teilt euch mit und haltet zusammen. Gebt das Wissen weiter. Gebt das Wissen weiter. Denn nur wer viel Wissen verteilt, erhält viel Wissen. Teilt es allen mit.

Eure physischen Unpässlichkeiten sind nicht mehr vonnöten. Gleicht alles aus. Seid mit den neuen Energien in eurer Mitte. Seid in eurem ganzen Sein. Dies ist der große Ausgleich, meine Lieben. Arbeitet mit den neuen Energien, es ist das größte Geschenk des Vaters an euch.

**Ich segne euch mit meinem 7. Strahl der Hoffnung und der Heilung,
hülle euch ein und liebe euch unermesslich,
für das, was ihr bereits seid.
Ihr baut die großen Brücken des Lichtes.
Ich segne euch.**

Anhang

Die sieben Grundchakren

**Anbindung
an die Quelle und
kosmischen Energien**

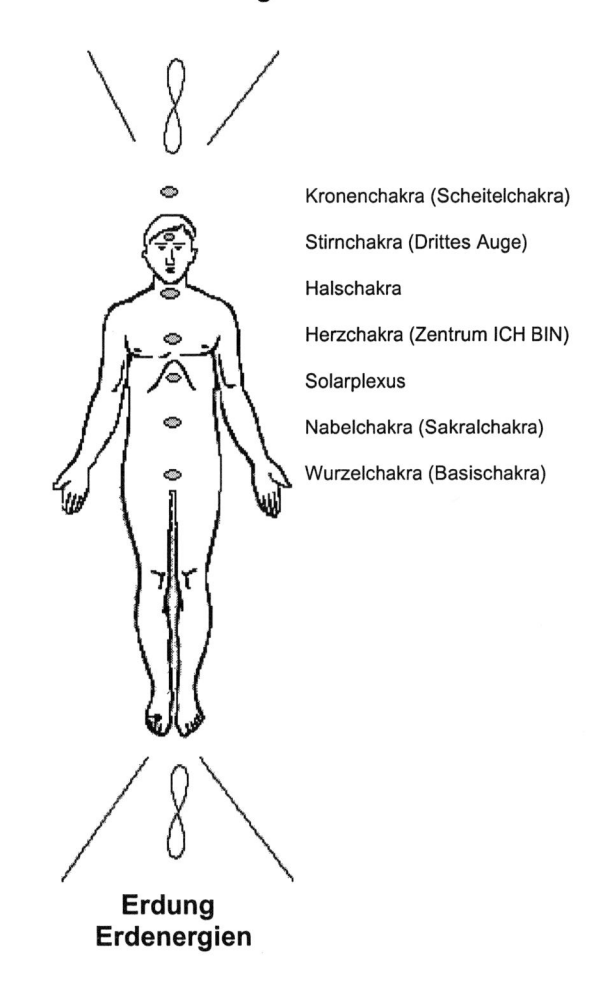

Kronenchakra (Scheitelchakra)

Stirnchakra (Drittes Auge)

Halschakra

Herzchakra (Zentrum ICH BIN)

Solarplexus

Nabelchakra (Sakralchakra)

Wurzelchakra (Basischakra)

**Erdung
Erdenergien**

Bitte prüft bei euch selbst anhand der aufgeführten Grundchakren, in welchen Bereichen eures Körpers ihr Unpässlichkeiten verspürt und sendet durch die Lichtmeditation (im Anhang) besonders viel Licht in das jeweilige Chakra. Arbeitet auch mit der violetten Flamme von Saint Germain und dem silbernen Strahl der Gnade in den jeweiligen Chakren und Körperbereichen. Die Grundfarben der Grundchakren stellen die Farben des Regenbogens dar, das Prisma der Farben des Lichtes, welches wir mit unseren momentanen Fähigkeiten sehen können. Die Summe aller uns unbekannten Farben stellt das göttliche, weiße Licht der Quelle dar.

Wurzelchakra

Das Wurzelchakra birgt Erdung, Urvertrauen und Geborgenheit. Mit ihm werden die geistigen Eigenschaften Durchsetzungskraft, Selbstverwirklichung und die gesunde Beziehung zur materiellen Welt in Verbindung gebracht. Das erste Chakra findet seine körperliche Entsprechung: *Füße, Beine, Wirbel, Zähne, Nebenniere, Blut und Zellaufbau, Darm, Adrenalin und Noradrenalin.*

Element: Erde   Ton: C   Farbe: rot

Sakralchakra

Mit dem Sakralchakra wird Freude, Begeisterung sowie Sinnlichkeit und Erotik assoziiert. Auf der geistigen Ebene werden diesem Chakra Kreativität, schöpferische Kraft und emotionale Harmonie zugeschrieben.

Das Chakra findet seine körperliche Entsprechung in den Bereichen: *Fortpflanzungsorgane, Beckenraum, Darm, Blas, Nieren, Blute, Lymphe, Hände und Unterarme.* Die dem Sakralchakra zugeordneten Naturerscheinungen sind das Licht des Mondes und klares Wasser.

Element: Wasser   Ton: D   Farbe: orange

Solarplexus-Chakra

Der Solarplexus ist das Kraftzentrum, dem Gefühle, Träume und Ängste zugeordnet werden. Die geistigen Verbindungen dieses Chakras sind die freie Entfaltung der Persönlichkeit, eine angemessene Durchsetzungskraft und ein natürlicher Umgang mit Macht. Der Solarplexus findet seine körperliche Entsprechung in den Bereichen: *Bauchhöhle, Verdauungssysteme, Leber, Magen, Galle, vegetatives Nervensystem, Bauchspeicheldrüse, unterer Rücken.*

Als natürliche Entsprechung gelten beim Solarplexus-Chakra Kornfelder und das Licht der Sonne.

Element: Feuer   Ton: E   Farbe: gelb oder Sonnenlicht

Herzchakra

Das Herzchakra als Herzzentrum steht für die Entfaltung der Herzensqualität und somit für unser soziales Bewusstsein. Durch dieses Chakra kommt Liebe ins Fließen und Großzügigkeit, Offenheit und Mitgefühl entfalten sich. Das Herzchakra findet seine körperliche Entsprechungen in den Bereichen: *oberer Rücken und Schultern, Brustkorb und Brusthöhle, Lunge und Blut, Herz, Blut und Blutkreislauf.* Unberührte Natur und Blüten sind die natürlichen Symbole für dieses Chakra.

Element: Feuer, Wasser, Luft, Erde
Ton: F   Farbe: grün

Kehlkopfchakra

Das Kehlkopfchakra birgt Sprache, Ausdruck und Wachstumsbereitschaft in sich. Klarheit und Unterscheidungsvermögen sind die geistigen Eigenschaften, die diesem Chakra zugeordnet werden. Das Kehlkopfchakra findet seine körperliche Entsprechung in den Bereichen: *Hals, Nacken und Ohren, Kiefer, Luftröhre und Bronchien, Lunge, Speiseröhre, Stimme, Arme, Schilddrüse und Nebenschilddrüse.*

Der blaue Himmel, sowie seine Spiegelungen im Wasser sind die natürlichen Verbildlichungen dieses Kraftrades.

        Element: Luft   Ton: G   Farbe: türkis

Stirnchakra
"Drittes Auge"

Das Stirnchakra oder auch drittes Auge genannt, stellt die Koordinationszentrale aller Bewusstseinsprozesse dar. Mit ihm werden Konzentration, volle Geisteskraft, Intuition und die optimale Entwicklung der Sinne assoziiert. Das Stirnchakra findet seine körperliche Entsprechung in den Bereichen: *Kleinhirn, Hirnanhangdrüse, Gesicht, Augen, Ohren, Nase, Nebenhöhlen und Zentralnervensystem.*

Als natürliche Entsprechung gilt der Nachthimmel.

        Element: Luft   Ton: A   Farbe: blau

Kronenchakra

Dieses Chakra auch Kronen- oder Scheitelchakra genannt, symbolisiert das Tor des Bewusstseins. Es steht für die Verbindung zum Göttlichen. Es heißt, durch dieses Chakra kann Erkenntnis im Sinne von ganzheitlichem Bewusstsein erlangt werden. Das Kronenchakra findet seine körperlichen Entsprechungen in den Bereichen: *Schädeldecke, Großhirn und Zirbeldrüse.*

Beim Kronenchakra gelten Berggipfel und Weite als natürliche Entsprechung.

        Element: Feuer   Ton: H   Farbe : violett

Die beiliegende CD in Schriftform
Große Lichtmeditation
für den Aufstiegsprozess
Transformation und Frequenzausgleichung

weiße Lichtsäule

→ Ich visualiere mir eine große weiße Lichtsäule. Das göttliche Licht, die allumfassende Liebe und die goldene Christusenergie breiten sich nun aus, in diesem Raum, alle angrenzenden Räumen, im ganzen Haus, im gesamten Umfeld. Ich visualisiere und spüre alles um mich herum ist erfüllt von diesem Licht. Ein schützender großer Mantel ist nun um mich. Ich sage mir: ICH BIN geschützt, ICH BIN im Vertrauen. ICH BIN eins mit allem.

Erdung

→ Ich spüre nun meine Füße und visualisiere mir eine goldene Schnur von meinen Füßen in das Erdinnere. Ich rufe dich lieber Vywamus und bitte dich, mir bei Aufnahme der Erdenergien behilflich zu sein. Ganz intensiv spüre ich die Erdenergien von Lady Gaia, Mutter Erde. Sie strömen durch meinen physischen Körper, meinen Ätherkörper, meinen Gedankenkörper und meinen Gefühlkörper. Ich lasse nun diese Erdenergien durch alle meine Körper strömen, während dieser Meditation.

Schutz für Meditation und für dich

→Ich rufe dich, **lieber Erzengel Michael** und bitte dich um Schutz für meinen Körper, meinen Geist und meine Seele. Ich bitte dich um Schutz für diese Meditation. Bitte trenne mit deinem liebenden Schwert das Ungute vom Guten, die Unruhe von der Ruhe. Bitte hülle mich ein in deine Schwingung von Glauben und Vertrauen, von Wahrheit und Klarheit und Mut. Dafür danke ich dir.

Transformation und Auflösung durch Meister Saint Germain

→Lieber großer Meister Saint-Germain, ich rufe dich mit deiner mächtigen violetten Flamme der Reinigung.

Lasse die violette Flamme durch all meine niederen Körper fließen.

Sie fließt durch meine ganze Aura, durch meinen Denk- und Fühlkörper, fließt ganz intensiv duch meinen Ätherkörper und meinen ganzen physischen Körper, durch all meine Nerven, Gelenke, Muskeln, mein Immunsystem, meinen Blutkreislauf, alle Chakren, alle Organe, Meridiane.

Bitte wandle alle Blockaden, (all das, was nicht zum Licht gehört), aus vergangenen Inkarnationen und heutiger Inkarnation mit der mächtigen violetten Flamme um.

Bitte transformiere alles - Ursache und Wirkung - wieder in das göttliche weiße Licht.

Ich bitte alle Menschen um Vergebung, denen ich früher und heute Negatives ausgesendet habe.

Ich vergebe allen Menschen, die mir früher und heute etwas angetan oder ausgesendet haben.

Ich vergebe mir für alles, was ich in früheren Inkarnationen und jetziger Inkarnation ausgesendet habe.

Ich wähle jetzt neu:

ICH BIN durch die violette Flamme in all meinen Körpern gereinigt.

ICH BIN ein Kind des Lichtes.
ICH BIN eins mit der göttlichen Quelle.
ICH BIN heil.
ICH BIN gesund.
ICH BIN Gesundheit in all meinen Zellen, Organen, Chakren ....
ICH BIN Warheit.
ICH BIN Klarheit.
ICH BIN Reinheit.
ICH BIN Mut.
ICH BIN, die ICH BIN.   und
ICH BIN, der ICH BIN.

ES WERDE Licht in all meinen Angelegenheiten.
ES WERDE Licht in meinem Denken und Fühlen.
ES WERDE Licht in meinem Ätherkörper.
ES WERDE Licht in meinem physischen Körper.
ES WERDE Licht auf meinem Lichtweg.
Ich rufe nun alle meine Zellen meines Körpers: Meine lieben Zellen wir gehören zusammen. **Wir** sind eins. **Wir** sind in Harmonie. **Wir** sind heil. **Wir** sind gesund. **Wir** sind eins mit der göttlichen Quelle. Alles was in **uns** nicht zum Licht gehört, geben **wir** nun in die violetten Flamme mit der Bitte um Transformation.

Heilung

→ Ich rufe dich, lieber Erzengel Raphael und bitte dich, lass fließen deine grüne Heilenergie der Hoffnung und der Heilung. Ich öffne nun mein Scheitelchakra und lasse deine Energie in meinen physischen Körper einfließen. Bitte durchlichte und heile alle meine Zellen, Gene, Meridiane, Chakren und Kanäle.
Ich spüre ganz intensiv die Durchlichtung und Heilung in meinem physischen Körper und erkenne:

ICH BIN Schöpfer meiner eigenen Gesundheit.
ICH BIN heil.
ICH BIN gesund.
ICH BIN eins und in Harmonie mit allen meinen Zellen, Genen, Meridianen und Kanälen.

Ich bitte um die vollkommene Gesundheit in meinem physischen, emotionalen, mentalen, ätherischen und spirituellen Körper. Ich manifestiere dies nun und bitte, dass diese Körper die vollkommene Gesundheit des Christus zum Ausdruck bringt. Ich danke meinen physischen Körper dafür.

Lieber Erzengel Raphael, ich bitte dich um Durchlichtung und Heilung meines Ätherkörpers, meines Gefühlkörpers und meines Gedankenkörpers.
Bitte durchlichte alle meine Bewusstseine, Unterbewusstseine, alle meine Aspekte.

Lieber Erzengel Raphael, ich danke dir dafür.

Fluss der Energien durch den Körper

→ Lieber heiliger Gott Vater, lieber Jesus Christus, bitte lasst fließen das göttliche weiße Licht, die allumfassende Liebe, Heilung, die goldene Christusenergie und alle kristallinen Energien durch mein ganzes Sein, überall dort, wo ICH BIN.

Ich visualisiere mir diese Lichtsäule über alle höhere Bewusstseine bis direkt zur Quelle, zu dir, lieber heiliger Gott Vater.

Ich öffne und aktiviere nun mein **Scheitelchakra** vollkommen und lasse die Energien einfließen. Ich spüre nun mein lichtvolles Scheitelchakra. Es fließt weiter in meinen Kopf, in mein **Stirnchakra**. Ich spüre nun mein lichtvolles Stirnchakra. Es fließt in mein **Halschakra**. Ich spüre nun mein lichtvolles Halschakra. Langsam und spürbar fließt es durch meine **Wirbelsäule** und ich spüre, wie jeder einzelne Wirbel in die göttliche Ordnung kommt.
Es fließt nun wieder die Wirbelsäule herauf, alle Unpässlichkeiten kommen nun in die göttliche Ordnung. Es fließt nun ein in mein **Herzchakra:**

Ich spüre nun mein Herzchakra. Es weitet sich mehr. Ich lasse ganz viel Licht, Liebe und die goldene Christusenergie in mein Herzchakra einfließen.
Ich rufe dich, liebe Sananda und bitte dich deinen rosafarbenen Strahl der Liebe in mein Herzchakra einfließen zu lassen.

ICH BIN Liebe. ICH BIN Licht in meinen Herzchakra.
Ich bitte nun um Aktivierung meines ICH BIN.
ICH BIN in meinem Zentrum, meiner Mitte.
ICH BIN. ICH BIN. ICH BIN.

1. Auflösung

Ich spüre nun in mein Herz. Was hat mein Herz verletzt? Ich spüre nun tief hinein. Ich nehme dies jetzt an und verzeihe mir für diese Gefühle. Ich verzeihe auch denjenigen, die es verursacht haben. Alle Blockaden übergebe ich nun der violetten Flamme mit der Bitte um Transformation in das göttliche weiße Licht. Ich wähle nun vollkommen neu. Ich sende nun der Ursache viel Licht und Liebe. ICH BIN befreit davon.

2. Auflösung

Ich visualisiere mir nun Personen, die ich gerne mag und sende ihnen ganz viel Licht und die allumfassende Liebe.
Nun visualisiere ich mir Personen, mit denen ich zurzeit Schwierigkeiten habe. Ich verzeihe mir für alles das, was ich ihnen ausgesendet habe. Und ich verzeihe ihnen für das, was sie mir ausgesendet haben. Alle Blockaden übergebe ich nun der violetten Flamme mit der Bitte um Transformation in das göttliche weiße Licht.
Ich wähle nun vollkommen neu:
Ich erkenne, dass sie mir etwas gespiegelt haben, was ich noch zu lernen hatte. Ich danke ihnen dafür. Ich nehme alles dies jetzt an. Ich sende ihnen viel Licht und die allumfassende Liebe. Ich erkenne nun das Christuslicht in mir und ich erkenne nun das Christuslicht in ihnen. Ich spüre hinein und erkenne das Christuslicht in ihnen.
Der Christus in mir, grüßt den Christus in dir.
Ich visualiere nun Licht, Liebe und Frieden mit diesen Personen.

3. Auflösung

Ich kreiere mir nun meinen Herzenwunsch. Ich visualisiere mir alle dazugehörenden Dinge, alle Personen. ICH BIN Schöpfer meiner Gedanken. Ich visualiere mir meinen kompletten

Herzenswunsch. Ich belasse ihn nun so. Ich gebe alle meine Energie nun in diesen Herzenwunsch und übergebe ihn nun an den Kosmos. Ich lasse nun los. Ich vertraue, der Kosmos wird ihn erfüllen. ICH BIN Vertrauen.

4. weitere Auflösung nach Bedarf

Ich spüre nun mein lichtvolles Herzchakra und bitte um die die goldene Christusenergie und mein leuchtendes Christusbewusstsein in meinem „ICH BIN".

Die Energien breiten sich nun in meine Schultern, Arme und Hände aus. Sie fließen in alle umliegenden Organe und fließen nun in meinen **Solarplexus.**

Auflösen von niederen Emotionen

Ich spüre nun hinein in meinen Solarplexus. Welche Emotionen spüre ich darin? Welche Emotionen sind mir nicht dienlich? Ich verzeihe mir nun für diese Emotionen und ich verzeihe den Menschen, die sie in mir hervorgerufen haben. Alle Blockaden übergebe ich nun der violetten Flamme mit der Bitte um Transformation in das göttliche weiße Licht.
Ich wähle vollkommen neu: ICH BIN nun befreit von dieses Gefühlen.
Ich spüre meinen lichtvollen Solarplexus.
Die Energien fließen in alle umliegenden Organe.
Sie fließen in mein **Nabelchakra.**
Ich spüre mein lichtvolles Nabelchakra.
Die Energie fließen in alle umliegenden Organe, in meinen Beckenbereich, hinein in mein **Wurzelchakra.**

Die Energien fließen weiter in meine Oberschenkel, Beine und Füße.

Lichtkörpererweckung

→ Ich spüre nun noch einmal die Erdenergien, sie fließen über meine Füße in mein ganzes Sein.
Ich spüre die Energien des Kosmos über meinem Scheitelchakra. Beide Energien fließen sowohl oben, als auch unten.

Ich rufe nun meinen Lichtkörper.

Ich verbinde alle Meridiane und Kanäle mit meinem Lichtkörper.
Ich verbinde nun mein Scheitelchakra mit dem Scheitelchakra meines Lichtkörpers.
Ich verbinde nun mein Stirnchakra mit dem Stirnchakra meines Lichtkörpers.
Ich verbinde nun mein Halschakra mit dem Halschakra meines Lichtkörpers.
Ich verbinde nun mein Herzchakra mit dem Herzchakra meines Lichtkörpers.
Ich verbinde nun mein Solarplexuschakra mit dem Solarplexuschakra meines Lichtkörpers.
Ich verbinde nun mein Nabelchakra mit dem Nabelchakra meines Lichtkörpers.
Ich verbinde nun mein Wurzelchakra mit dem Wurzelchakra meines Lichtkörpers.

Ich bitte nun um die vollständige Verbindung.

Ich spüre nun meinen lichtvollen Lichtkörper.

Ich spüre die Energien, die kosmischen sowohl oben, als auch die Erdenergie unten.

**Löschung aller unnötigen Muster
und Angleichung an das Magnetgitter**

→ Ich rufe dich, liebe Grace, Hüterin und Lenkerin des silbernen Strahls der Gnade. Bitte lasse fließen den silbernen Strahl der Gnade durch mein ganzes Sein. Ich bitte dich, befreie mich von allen alten, mir nicht dienlichen Muster und Glaubensätzen aus dieser und vergangenen Inkarnationen. Bitte lasse zu diesem Zweck fließen deinen silbernen Strahl der Gnade, damit ich mich an die neuen Energien angleichen kann.

Ich bitte nun um Ausrichtung und Angleichung an das neue Gitternetz.

ICH BIN Licht.
ICH BIN Liebe.
ICH BIN ein Kind des Lichtes.
ICH BIN eins mit allem.
ICH BIN Wahrheit.
ICH BIN Klarheit.
ICH BIN Reinheit.
ICH BIN Vertrauen.
ICH BIN die ICH BIN und ICH BIN der ICH BIN.

Großer Frequenzausgleich

→ Ich bitte nun um den großen Frequenzausgleich. Bitte gleicht meine Frequenzen, mit den neuen Frequenzen aus.
Bitte lasst mich in Friede, Freude und völliger Ausgeglichenheit in meinem ganzen SEIN die neuen Energien erfahren und weitergeben.

Ich spüre nun meinen ausgeglichenen lichtvollen Körper. Ich spüre die allumfassende Liebe und die goldene Christusenergie, die neue Energie und die Erdenergie.

Ich rufe nun mein höheres Selbst. Bitte verbinde dich mit mir. Ich höre dir nun zu. Ich lausche auf deine Sprache. Was hast du mir zu sagen? ..... Zuhören.....
Ich danke dir für deine Botschaft.

Globale Auflösung und Heilung der Erde

→ Ich gebe nun alle Energien ab an Lady Gaia, Mutter Erde. An alle Mineralien. An alle Tierwesen. An alle Pflanzenwesen. An alle Menschen.

Ich rufe dich lieber großer Meister Saint Germain.

Unter Berücksichtigung der kosmischen Gesetze der freien Wahl, bitte entfache ein ganzes Meer von violetten Flammen. Bitte breite es aus in meinem Umfeld, in diesem Land, in diesen Kontinent, auf der ganzen Erde. In alle Ozeane. In jeden Bereich der Erde. Bitte transformiere alles, was nicht zum Licht gehört in das göttliche weiße Licht und die reine göttliche Vollkommenheit. Bitte sende dieses Licht an alle Menschen, die es zurzeit verzweifelt suchen. Bitte sende es an alle Wesenheiten, an alle Menschen, denen es zurzeit nicht gut geht. Bitte sende es an alle Machthaber, damit sie in Frieden und Weisheit für ihr und unser aller Wohl entscheiden.

Bitte sende es an alle erdgebundenen Seelen, damit sie das Licht erkennen.
Lieber großer Meister Saint Germain, ich danke dir dafür.

Bitte für alle erdgebundenen Seelen

Ich bitte nun alle erdgebundenen Seelen, in dieses göttliche weiße Licht zu gehen. Geht in diese Lichtsäule. Löst euch aus unseren Herzen, löst euch aus unseren und euren Gedanken und unserer Erde. Vertraut und geht in das göttliche weiße Licht, der allumfassenden Liebe Gottes entgegen.

Bitte um Schutz für die Kinder der Erde

→ Ich rufe dich, liebe göttliche Mutter Maria. Bitte hülle alle Kinder, auch die ungeborenen, ein in deine göttliche Schwingung. Bitte beschütze und geleite sie für ihre großen Aufgaben. Bitte tröste alle leidenden Kinder, hülle sie ein in deine Liebe und in deinen Schutz.

ICH BIN Licht, ICH BIN Liebe, ICH BIN Vertrauen.
Ich gehe meinen Weg Schritt für Schritt
der allumfassenden Liebe Gott Vaters entgegen.
Gott Vater gibt mir die Kraft,
Gott Vater gibt mir die Bescheidenheit,
in Demut zu gehen und in Liebe zu handeln.
So sei es, JETZT!

Verlagsverzeichnis

Das Lichtzentrum
Verlag & Versand
Langschieder Weg 11 a
65321 Heidenrod

☎ 0 61 24 – 72 58 42
Faxbestellung: 0 61 24- 72 58 41
Email: info@das-lichtzentrum.de

oder über:

Onlineshop:
Bücher, CDs, Biophotonenprodukte, Wasserfilterung, natürliche Kosmetik und
Waschmittel, Waschnüsse, Seminare, Infos

www.das-lichtzentrum.de

Verlagsverzeichnis

Die Gnade erfahren Band II

der Schriftenreihe: Übergang in die neuen Energien
inklusiv weiterführenden Meditation CD

Dieses gechannelte Buch umfasst folgende Themen:
Die sieben kosmischen Gesetze
Die sieben karmischen Verstrickungen
Das Gesetz des Äthers
Reflexionen des Karmaspiels in den Zellen
Wie kann ich meine Gene heilen?
Wie kann ich meine Generationslinie ordnen und die
eigene Ordnung innerhalb meiner Familie finden?
Welche tiefgreifende Aufgabe haben die Indigokinder in meinem Umfeld dabei?
Unterschied von dichter und lichter Materie
Was ist die ICH-BIN-Schöpfergegenwart in uns?
Globale Transformationsmeditation

Das Buch enthält ausführliche Erklärungen über die kristallinen Energien und der „großen Harmonie" vom 08. und 09. November 2003. Es wird erklärt, weshalb sich ein Davidstern am Himmel zeigte.

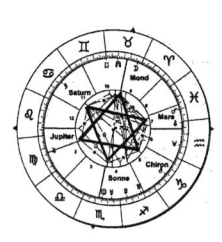

Was für eine Bedeutung hat der Davidstern für uns?
Welche Symbolik steht hinter dieser Erscheinung?
Was möchte uns diese Symbolik sagen?
Was dürfen wir erkennen und vor allem, wie geht es weiter?
Ist es die Wiederkehr des Sterns von Bethlehem?

Softcover DIN A 4 mit 144 Seiten inklusiv Meditations-CD
Preis: 24,50 Euro [D] 25,20 Euro [A] 39,50 CHF

Verlagsverzeichnis

CD Golden Sea of Galilee von Bea Music
Die Hintergrundmusik der beiliegenden Meditations-CD der Bücher „Übergang in die neuen Energien" und „Die Gnade erfahren". Wundervolle, 18 inspirierende Musiktitel zum Träumen, Entspannen oder Meditieren.

Preis: 20,00 Euro [D] 20,70 Euro [A] 34,50 CHF

Die Friedensstifter sind unter euch
(von Bea/Christus) Band I

Dieses Buch ist seine erneute Botschaft der Liebe an die Menschen, Sein Angebot des Friedens. ER erzählt im ersten Teil des Buches Seine Liebe zu Maria Magdalena, Seiner Seelengefährtin aus Gottes Gnade, die nicht nur Seine Apostelin sondern auch Ehefrau und Mutter Seiner beiden Kinder ist. Der Unglaube, verbreitet durch die Kirchen, nährt nach wie vor die Sünde von Adam und Eva. Jesus und Maria Magdalena zeigen den Menschen den wahren Willen Gottes, die tiefe Liebe einer von Gott gesegneten Ehe, die liebevolle Gleichstellung von Mann und Frau. Sein Wunsch ist, dass die Menschen die Größe und Reinheit dieser Offenbarungen verstehen und lernen, dieses Geschenk "Jesus und Maria Magdalena" in der heutigen Zeit anzunehmen.

ER zeigt uns in diesem Buch den Weg Seiner Kreuzigung aus Seinem Blickwinkel, dem Blickwinkel unendlicher Liebe; das Geheimnis des Heiligen Grals und die damit verbundene Reise Maria Magdalenas und einiger Apostel nach Südfrankreich und die Verkündung Seines Wortes in dem neuem Land.

ER offenbart die Geheimnisse der Seelen in der Verbundenheit Gottes, die Inkarnationen der Seele Maria Magdalena. Faszinierend sind die außerkörperlichen Reisen dieser beiden in Liebe verbundenen großen Seelen, die den Friedensauftrag Gottes fest in ihren Seelen verankert haben.

ER verkündet im zweiten Teil den Willen Gottes. Eindringlich und bewegend ist der Aufruf an die Apostel und Friedensstifter, Ihm heute wieder zu folgen. Sie leben alle unter uns, mögen sie die Botschaft hören und erwachen, um sich zu finden, zum Wohle der Menschen.

ER lässt uns teilhaben an der Kraft und Herrlichkeit Gottes, Seines Vaters, die aus der Liebe und dem Frieden geboren werden.

ER kündigt Seine Wiederkunft an, am Tage der Erlösung. Keiner kennt das Datum dieses Tages, nur Gott Vater. Seine Liebe ist unendlich.

Möge dieses Geschenk des heiligen Grals in Ihnen beim Lesen dieses wunderbaren Buches die Botschaft der Liebe offenbaren. Gesegnet sind die Menschen, die dieses Buch verstehen.

Softcover DIN A 5 mit 168 Seiten
Preis: 15,00 Euro [D] 15,50 Euro [A] 24,50 CHF

Verlagsverzeichnis

Die Bruderschaft der Liebe (von Bea/Christus) Band II

Jesus offenbart uns die göttliche Transparenz der sieben Stufen der Weisheit Gottes, die Philosophie seiner Lehre, dieser unendlichen Liebe.

Softcover DIN A 5 mit 168 Seiten
Preis: 15,00 Euro [D] 15,50 Euro [A] 24,50 CHF

Meine Nachkommen, die Erben des Lichts
(von Bea/Christus) Band III

Jesus enthüllt in diesem Band Seine totgeschwiegenen Nachkommen, die Erben seines Vermächtnisse der Liebe und die Begründer der Bruderschaft der Liebe. ER spannt den Bogen von Südfrankreich, England, in das Römische Reich, berührt das Heilige Land und das Land der Philosophen. Galahad, Sein Sohn und Joseph von Arimatäa bewahren den heiligen Gral und die geheimen Offenbarungen der Maria Magdalena. Jakobus bringt Maria aus den Wirren des heiligen Landes in das sichere Spanien, zu Eleanore, Seiner Tochter.

Softcover DIN A 5 mit 168 Seiten
Preis: 15,00 Euro [D] 15,50 Euro [A] 24,50 CHF

Verlagsverzeichnis

Meditations-CD: Große weiße Lichtmeditation

Diese geführte Meditation begleitet durch die große Transformation in allen Körpern mit der violetten Flamme von Saint Germain. Sie ermöglicht Schutz durch die Schwingungen von Erzengel Michael und sorgt durch die Heilenergien von Erzengel Raphael für den großen Frequenzausgleich der neuen Energien des Magnetgitters der Erde. Alle Chakren und Körper werden mit dem göttlichen weißen Licht und der goldenen Christusenergie harmonisiert. Die innere Reise führt dann zum Lichtkörperprozess und zur ersten Verbindung mit dem höheren Selbst.

CD im Jewel-Case mit Booklet
Aufgund der hohen Nachfrage bieten wir diese Meditation auch als Einzel-CD an. **VK-Preis: 16,50 Euro [D] 17,10 [A] 26,40 CHF**

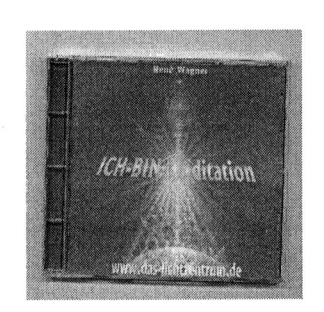

Meditations-CD: ICH-BIN-Meditation

Diese geführte Meditation bringt uns an das eigene innere höhere Sein: unsere ICH-BIN-Schöpfergegenwart. Durch Erkenntnis der Worte und Gedanken ICH BIN sind positive Veränderungen in und um uns möglich. Die Meditation führt zur Vereinigung der Chakren mit den höheren kosmischen Energien und den Erdenergien. Durch eigene Erkenntnis dieser unendlichen inneren Liebe und Harmonie in unserem ICH-BIN-Bewusstsein werden die Energien im Umfeld ausgedehnt. Durch Aufrufung der sieben Erzengelschwingungen kann man die eigene Symbiose mit den kosmischen Energien, den Erdenergien und unseren feinstofflichen, liebevollen und göttlichen Helfern aus der geistigen Lichtwelt erleben.

CD im Jewel-Case mit Booklet
Aufgund der hohen Nachfrage bieten wir diese Meditation auch als Einzel-CD an. **VK-Preis: 16,50 Euro [D] 17,10 [A] 26,40 CHF**